人間の遊び仲間もいますけど、
人の顔なんか並べられたって、
面白くもなんともないでしょう。
だから、虫のみ紹介

養老先生と虫

録

海外で

コスタリカのビワハゴロモ

SFで有名なH・G・ウェルズが『生命の科学』というシリーズ本を書いているんです。十九世紀の博物学の集大成で、僕の子どものころの愛読書でした。そこに、この絵が載ってた。ワニの頭そっくりでしょ。コスタリカで見たとき、懐かしかったなあ。実物は初めてだったけど、絵は見慣れてましたからね。

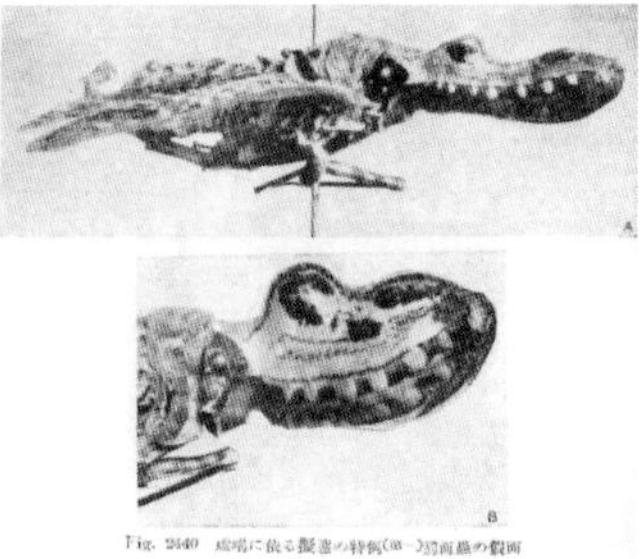

H・G・ウェルズ著、小野俊一など訳『生命の科学　第10巻』平凡社、1935年
国立国会図書館所蔵

コスタリカのカメノコハムシ

小学生のとき、こんな標本が十四も並んだ箱を見て、「中南米には一生行かない」って誓った。こんなスゴい虫がたくさんいるところなんかに行ったら、帰ってこれなくなっちゃうから。老人になってからはもういいやと思って、二度行きましたけどね。

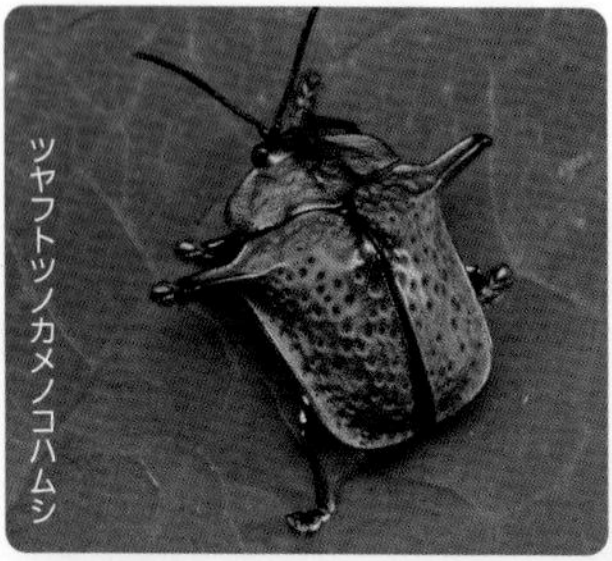

ツヤフトツノカメノコハムシ

クロヒゲツヤカメノコハムシ

ワモンカメノコハムシ属の一種

オーストラリアのブルアント

留学中に刺された。八十センチ以内に近寄ると、向こうから飛びかかってくるんだから、タチが悪いんだよ。

キバハリアリ属の一種

ムシヅカサシガメ（幼虫）

ラオスのサシガメ

背中の山はアリの死骸。体液を吸ったあとの食べカスを背中にくっつけてるの。アリを油断させるためにアリの匂いを付けているという説もありますが、よくわかりません。一緒にいた池田清彦君は「ネクロフィリウス（屍体フェチ）って名前だと面白いね」ってうれしそうでしたよ。

ラオスの巨大ナナフシ

枯れ枝をくっつけてるわけじゃないんですよ。

ラオスオバケナナフシ

幼なじみ

ギンヤンマ

これが採れると、オニヤンマのときより百倍うれしかった。近所の空き地で年上の子が、まずメスを捕まえて、オスをおびきよせてた。それをマネして、ようやく採ったの。

オオミズアオ

昔は鎌倉の自宅の電灯によく来ていたなあ。今だと、びっくりしちゃうけど、昔は普通種。

カブトムシ

中・高生のころ、虫の研究誌を作っていました。ガリ版でね。そのタイトルが「KABUTOMUSI」。

アカスジキンカメムシ

子どものころ、一番目をひく虫だった。いまでもふつうにいるよ。

エゾカタビロオサムシ

僕の通ってた中学・高校では、毎年、秋に校庭の草むしりをする日があった。そのときにこの虫がいると、みんなが僕にくれるの。うれしかったなあ。

シロスジカミキリ

中学生のころ、夜、鎌倉の裏山に登って懐中電灯で照らすと、木の枝にいくつも付いてたの。昼間ぜんぜんいないのに、夜になるとこんなにいるんだなあって驚いた。もういまはすっかり減っちゃったね。

思い出の虫

ミヤマクワガタ

小学生のとき、初めて採った。もう、心臓が止まりそうになった。

ヒゲブトハナムグリ

おふくろのお骨を田舎に納めに行ったとき、これが一匹出てきた。この虫は鎌倉にはいなくて、神奈川だと山奥のほうに行かないといないいんだよ。うちのおふくろは津久井の出身だから、これはまさにおふくろのふるさとの虫。

オオイチモンジ

網に入ったときのバサッという音をいまも覚えてる。飛翔力が強くて、捕りにくいの。中学生のころ、美ヶ原で捕ったけど、今はもう美ヶ原にはいませんね。

北海道で撮影

ベーツヒラタカミキリ

初めて標本を作ったのは、小学四年生のとき。この虫でした。最初は名前もわからなかった。中学に入って虫好きの先生と図鑑を見てたとき、見つけたんですよ。「あっ、コレ、オレ持ってる」って。

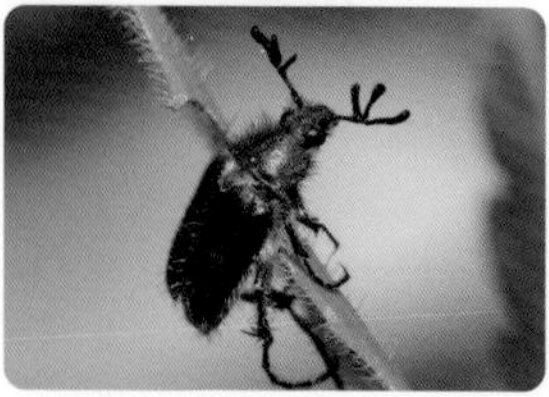

クマゼミ

子どものころ、声が聞こえるたびに、網を持って飛び出したんだけど、いつもダメ。意地が悪いんだよ、声だけして姿は見えないんだから。

シロアリの巣にいたハネカクシ

中学生のころ、シロアリの巣の中に、一ミリあるかないかのちっちゃいハネカクシを見つけたの。たしかに採ったの。でも、うちに帰って毒ビンを見たら、他の虫に混じっちゃって、もうどこにいるのかわかんなかった。いまでも悔しい、くそーっ(写真はありません)。

ウマノオバチ

ヘンな形でしょ。昔、図鑑で見てからずっと、実物を見てみたいと思ってる。シロスジカミキリに寄生する虫で、シロスジは家の裏山でよく採れたのに、これは見られなかった。

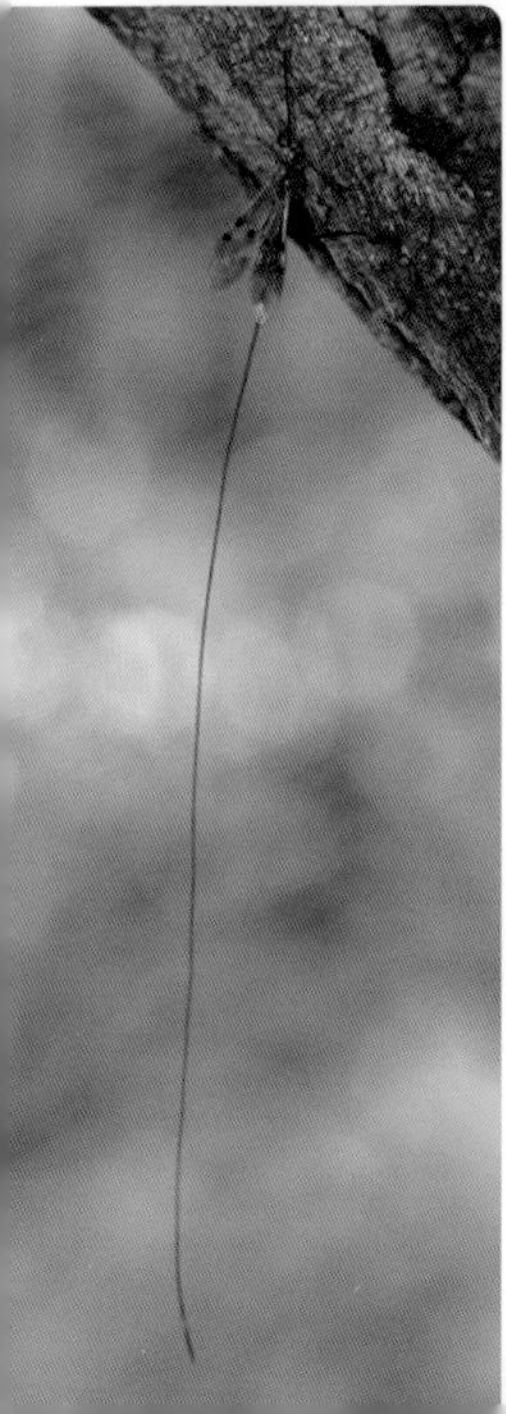

ヒゲボソゾウムシ

僕がずーっと調べている虫。二十歳のとき、天城山で採ったこの虫の名前が、調べても調べてもわからなかった。それが、運のつき。わからなかったのは無理もなくて、日本の他の地域では二種がよく知られていたんだけど、天城山のはそのどちらでもなかったんです。しかも、僕がよく採集する箱根周辺には、有名な二種とも天城山の種ともまた別の種がいるんだよ。何年たっても、まだまだわからないことだらけ。

ガロアコブヒゲボソゾウムシ

サビマルクチゾウムシ

調べている種とは別だけれど、これもゾウムシ。箱根の台ヶ岳で採ったことがあります。お多福みたいなヘンな顔でしょ。しかもこの赤い粉が落ちるんだよ。世界的に見ても変わってて、他のどの種が親戚だかわからない。仲間がいないかわいそうな虫。

ヤマケイ文庫

養老先生と虫

役立たずでいいじゃない

Yoro Takeshi

養老孟司

Y. L.

Yamakei Library

はじめに

いい歳をして山中で網を振り回す。珍奇な虫が採れると、ワーッとかギャーとか叫ぶ。どう考えたって、きちんとした分別のある大人の行動とは思えない。しかも採ってきたゴミみたいな虫を一日中眺めすかして、ウーンとか、スゲェーとか、騒ぐ。家族のだれも共感なんかしない。その分ちゃんと働いて、一家の主人らしく、お金でも稼いでこないか。お金にならなくても仕方がないけど、せめて世間の役に立つことをしてくれないか。

だから、虫屋でも常識家は世間にいささかの遠慮がある。虫が好きだなどとは、あまり大声でいわない。いってみたところで、たいていの人が聞いてくれない。フーン、でお終い。

だって、ふつうは虫に関心がないのだから、話が続かないのである。私がいくらか大声でいうのは、世間での公式の暮らしがすでに終わったからである。それまでにご奉公したじゃないか。そういう思いがある。

虫採りはまさしく世間でいうオタクの世界である。しかも、長続きがするから、人によっては中毒、依存症だというかもしれない。

でも、人のすることは、生きていくためにどうしても必要なことを除けば、依存症といったほうがいいことが多い。政治、とくに選挙が好きな人がいるが、これも家族の迷惑を考えないでやるようになると、一種の依存症であろう。

私は本をよく読むが、これは間違いなく依存症の傾向がある。読むものがないと本当にジタバタするからである。世間ではこういう人のことを「本の虫」という。だから私は「本の虫」で「虫の虫」。

なにごともそうだが、あまり極端にならなければ、依存症でいいと思う。それがない人は逆に気の毒に見える。

世間のお役に立つことが生き甲斐だったら、お役に立てなくなったときに、どうすればいいのか。自然を相手にすると、そういう問題の解答がひとりでに見えてくるように思う。

虫に限らない。自然を相手に生きている人は、高齢になっても元気である。それが生物としての人の「自然」だからであろう。

虫を採る意味など、もともと説明の必要なんかない。

人生の説明をする人はいないであろう。実際に生きていることが、その解答になっているからである。

虫屋が虫にかかわっているとき、不幸に見えることはない。それで答としては十二分ではないか。

養老先生と虫●目次

ラオスで虫採り

虫を見る

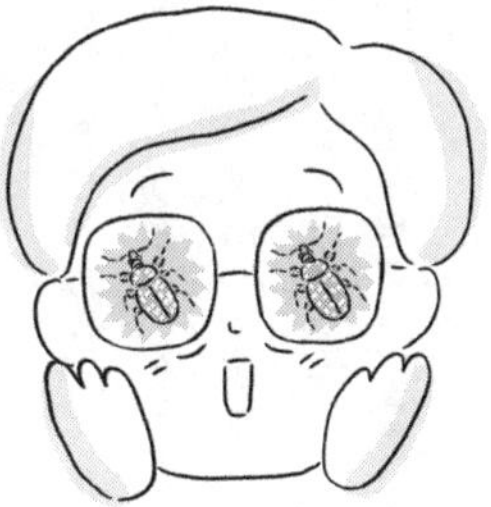

見ること

先日は虫を一日見ていた。ゾウムシの頭である。どうしてそんなものを見ていたかというと、どうもよくわからないからである。なにがどうなっているのか、いまひとつ、納得がいかない。目玉もあるし、顎《あご》もある。顎は左右が非対称で、左が前に出ている。そういうことはわかる。ゾウムシにも時にへそ曲がりがいて、右の顎が前に出る場合もある。これはヒトにもあって、心臓が右にあったりする人もいる。

そういうことはわかっている。わからないのは全体の立体構造である。私はこれが苦手で、立体が頭に入らない。

立体が頭に入ったかどうかは、絵を描いてみるとわかる。「後ろから見たら、こうなっているだろ」。そう説明しながら、絵が描けるはずである。それができないのだから、「わかっていない」のである。

たとえば、頭の背中側だけ見たって、腹側のことはわからない。だからひっくり返して、腹側を見る。そのうち背中側がどうだったか、もう忘れている。背中側のこの隆起は、腹側のどの隆起につながるんだっけ。

そうやっているうちに、一日が過ぎた。「こんなムダなことをして。もう喜寿なんだから、人生残り少ないんだよ」。そう思うけど、過ぎた日は戻らない。それだけは年寄りはよくわかっている。

そのうちに気が付く。顎の近くに生えている毛には、二種類あるんじゃないか。そう思って見てみると、たしかにそう見える。そう見えない種類もあるから、いままで気が付かなかった。でも、気が付いてみると、二種類と見たほうがいい。

そこで、これまでに自分で描いたゾウムシの頭の絵を見てみる。二種類の毛が区別されていない。だから当然、両者を同じように描いている。

これもよくあることである。違いに気づいていないと、同じものとして描く。だから逆に、絵を見れば、当人に「違いがわかっている」かどうか、一目瞭然。ちゃんと忠実に写生したつもりが、じつはウソなのである。

これは以前、解剖図の研究をしていて、気が付いたことである。

ウィリアム・ハーヴェイのおかげで血液循環の原理がわかって、マルチェロ・マルピーギにより毛細血管が発見される以前の解剖図に描かれた血管系。これを見ると、血管の末端が幽霊のように細く消えていく。木の根だと思えばいい。先がない。ところが、毛細血管が見つかって以後の図では、血管の末端はきちんと切断されたように描かれる。

つまり描いた人は「わかっている」わけ。「本当はつながっているんだけど、ここで切りましたよ」。それがちゃんと図に示されている。

私のゾウムシの絵は、あきらかに「わかっていない」。違うはずの毛が、同じになっているからである。

「見る」というのは、つまりこういうことを含んでいる。ずっと見ていたら、観察が正確になるかというと、そうでもない。「違いがわかる」のが重要なのである。

じつはそんなこと、だれだって知っているはずである。骨董の鑑定を考えたら、わかるであろう。漠然と「古い壺だなあ」などと思って見ていても、鑑定はできない。だから、テレビの〝鑑定団〟に頼んで見てもらう。そうすると、あっという間に、これは何時代のどこの窯で焼いた何々だ、という返事が返ってくる。

もちろんそこには知識もあるが、なにより目の前の現物のなにをどう見るか、偽物との違いはどこか、それが見えないといけない。まず違いが見えてこないと始まらない。それからあれこれ、能書きがついてくる。

橋本治がそれをみごとに書いている。大学院の入試で、教授が江戸時代の絵を四枚だか持ってきて、この中で「違うものを一枚選びなさい」と課題を与えて、どこかに行ってしまった。橋本は「これでしょ」とすぐに正解して、あとは暇にしていた。戻ってきた教授に「君は目がある」と褒められたという。「俺に目があるんなら、他のヤツの目は節穴か」。楽々見分けてしまった橋本は、そう思ったと書いていたはずである。

なにがいいたいかって、「見る」とはそういうことで、根本は「違いがわかる」ことなのである。

じつは、これは見ることに限らない。感覚とは、違いがわかることである。「匂いがする」のは、「それまでその匂いがなかった」ことを意味している。つまり、匂いが違ってきたのである。音も同じで、音がするなら「それまでその音がしていなかった」のである。ただし、見ることはそれとちょっと違う。対象は常に目の前に存在しているからである。「さっきからあった」のに、やっと「違いに気づく」のである。見ているのに、見えていない。これは人生で、いつでも起こることである。『青い鳥』も要するにそういうことであろう。幸せを遠くに探しにいくのだが、結局は自分のうちにあった。

いい歳をして、虫を一日見ている。見ようによってはまるでバカだが、でも突然、違いがわかったりするのである。

それで虫がやめられないのだが、こう説明しても、やっぱりバカじゃないか、と思うのがふつうであろう。虫なんか、一日見ていられるものか。なにかわかったところで、たかがゾウムシの口先の毛の話じゃないか。

まあそういうことだけど、あなたも現在生きている人類の七十数億分の一で、これまで生きてきた人類全員の何分の一になるのかなあ。ゾウムシの口先の毛なんて、三十本もないんですからね。

形はどこにあるか（一）

こういう疑問はあまり聞かない。ものには形があるに決まっているだろ。それでおしまい。形は目に見えてしまう。そういうものには実在感が強い。だから、形自体を相手の属性だと単純に思ってしまう。それで実際には大過ない。「見ているのは私だな」と、いちいち確認する必要はふつうはない。

司馬遼太郎は晩年、『この国のかたち』（文春文庫）を書いた。さすがに上手な表現をする。「かたち」と書けば、目の前にあって、はっきりしているものである。否も応もない。一種の客観性が担保される。こうなっている、ああなっている。そう語れば済む。

でも、形は見ている側にあることも間違いない。

単純な形といえばまず、丸とか三角、四角だが、これは頭の中にある。だって、なにも見なくてもすぐに絵に描けるからである。外の世界にも、たとえば丸いものなら、月とか太陽とかがある。でも、三角になると、ちょっと考えてしまう。カマキリの頭は前から見ると三角だが、角《かど》がないから正確には三角ではない。四角なんて、人間が作ったものを除くと、ほとんどないのではないか。それなら丸、三角、四角は脳の中にあるはずである。

もっと簡単にいうと、直線がそう。自然界に直線はない。

数学者のマンデルブローである。あるのはフラクタルだけ。面倒だから説明はしない。でも、英国海岸の長さをどう測定するかという問題は面白いから、知らない人は考えてくださいね。それを考えて、フラクタルまで自分の頭で考えついたら、立派なものである。

ともかく外界に直線はない。にもかかわらず、だれでも直線を理解する。ということは、直線は頭の中にあるに決まっている。

ゆえに形は頭の中にもあるという結論。それを言い出せば、なんだってそうに決まっているじゃないか。そうもいえる。でも、ものには定まった形があって、それは動かしがたいもの。そんな感じがしないでもないじゃないですか。

形は相手にあるのか、自分にあるのか。じつはこの点が問題になってくる場合もある。

昆虫の世界では、擬態が典型である。二つの異なる虫で、形や色模様がそっくりになる。あまりによく似ているので、うっかりするとだまされる。でも、擬態だと気づくのは、だまされていないからなんだけど。

ともかくこの場合、「似ている」と思っているのは、見ている人である。でも、虫はヒトを相手に擬態しているわけではないと思う。虫どうし、あるいは捕食者、つまり鳥やトカゲが相手に違いない。

では、虫や鳥やトカゲも、似ていると思っているだろうか。むろん思っているかもしれないが、思っていないかもしれない。なぜなら、たとえば虫なら、視覚系の構造がヒトとはまったく違うからである。

鳥の目は三原色ではなく四原色である。ヒトにも二原色の人がいて、赤と緑の区別がつかない例がある。私事だが、私の息子がそうである。色弱の検査に以前は石原式色覚検査表をよく使っていた。三原色だと、色で描かれた文字が読めるが、二原色だと読めない。別の図は逆に、二原色だと文字が見えるが、三原色だと見えない。そういうふうに作られた複数の色彩図である。これを四原色の鳥が見たら、どう見えるのだろうか。

若いころ、実験でこれを調べる方法がないかと考えたことがある。結局、人工的に鳥の網膜のようなものを作るしかなかろう、という結論になった。上手に検査表を作って、鳥に判断させる実験をする。そういう方法もあるかもしれないが、具体的には面倒くさくて考える気がしない。

十九世紀以来の自然科学の基本は物理学だった。物理は客観性を重んじる。実験なら、いつどこで、だれがやっても、同じ結果になる。そういうものでなければならない。主観は徹底して排除される。

でも、生物学はそうはいかない。鳥が虫をどう見ているか、考えなきゃならないのである。それを考えているのは、人間である自分である。物理でいうならこれは観測問題で、不確定性原理はその典型であろう。

でも、物理学であろうと、じつは観測者ははじめから変数として入っている。論文を書いているのは本人だからである。物理学であろうと、その人の脳を使っていると いう事実から逃れることはできない。しかも、すべての脳は同じかというと、そんな保証はない。そこを議論しはじめると、物理学が成り立たない。だから議論しなかったのであろう。

若いころに、こういう議論をすると、哲学だといわれたのを思い出す。べつに私は哲学をやっているつもりなどない。擬態を考えていると、ひとりでにこういうことを考えてしまうのである。形だって同じ。形を見ているのは私で、それなら問題は私やあなたの脳じゃないか。だから、私の主題は脳になったのである。

『形を読む』（培風館）という本を、若いころにまず書いた。これは文庫本のような、手に入りやすい形になっていないので、読まない人も多いかと思う。この本は、形をヒトはどう解釈するかという視点を、四つほどにまとめたものである。形は見ればそこにあるのだから、あとは解釈しかない。その解釈には決まったパターンがある。それを論じただけである。

この本の最後は脳になっている。ひとりでにそこにたどり着いた。だって、見ているのは私なんだから。だから、その先の話が『唯脳論』（ちくま学芸文庫）になった。べつに流行だから脳をやろうと思ったというわけではない。形を見ていたら、話がひとりでに脳に行き着いただけである。

形はどこにあるか（二）

形を見るうえで、「動き」というヤツは曲者《くせもの》である。視覚が動きをとらえる能力を、動体視力という。

昆虫の動体視力はヒトと同じ程度だそうである。あいつらはもっぱら動きを見ているらしい。だから、ハエやトンボを手を動かして捕まえようとすると、すぐに逃げる。

頭にくるのは、日なたのタマムシである。枯れ木にとまっている小さいタマムシを捕まえようとした人なら、だれでも知っている。手を近づけると、すっと向こうに逃げてしまう。まったく、よく見てやがる。

カエルもそうだという。カエルには動くものしか見えない。動くものがあって、だんだんそれが大きくなって、ある程度以上に大きくなると、カエルは逃げる。それがある程度以上に小さいと、パクリと食べる。簡単でよろしい。

ところで、世界は止まっているのだろうか、動いているのだろうか。目を動かすと、世界は止まっているが、視野は動く。当たり前だろうが。そうでもない。だって、ヴィデオ・カメラを動かした像を見ると、世界全体が動いているからである。世界が動きすぎて、目が回る。

本をカメラを通して読むとしよう。本のページの上の縁は、しだいに上に上がっていくはずである。縦に並んだ文字を読んでいくに連れて、カメラの視野は下に下がっていくからである。

じゃあ、目で本を読んでいるときに、本の上縁が上に逃げていった経験があるか。本は止まっているんじゃないですか。

カメラと目は違う。それはわかっている。でも、どう違うんですかね。注視している点は動いていくが、その背景は止まっている。もしカメラなら、背景も同時に動くはずである。その背景が動かないんだから、背景を止めている犯人がいるに違いない。それは脳であろう。

目を動かしたとき、動かした分だけ、脳には逆の入力を入れる。そうすれば実際には像は動いているのに、背景の世界は動いたように思えないはずである。

カメラの場合には、そんな装置はついていない。だから素人はカメラを動かす。子どもが運動会で走っているときに、子どもをカメラで追いかける。それをやると、子どもが画面の中央で足踏みしている映像になってしまう。

要するに、静止した世界というイメージは脳が作るものらしい。その中に形がある。だから形は動かない。そこに形の与える安心感がある。

形そのものが動くと、厄介である。生きものの形が極端に変化することを、メタモルフォーゼという。変態である。

これに関心を持ったのは、ゲーテである。私の解剖学の先輩たちは、ゲーテを大いに尊敬していた。ゲーテは比較解剖学に関心があって、ヒトの顎間骨《がっかんこつ》に関する論文を書いている。その写しと翻訳が書棚のどこかにあるはずだが、探すのが面倒くさい。そのゲーテが形態学、モルフォロギーという言葉を作った。そう先輩たちがいっていた。

形態学とはいうけれど、形は学問になるだろうか。いきなり目に見えてしまうのだから、どうかなあ。でも、すでに述べたように、見ても見えない人がいるんだから、「見えるじゃないか」という学問があっても不思議はない。

解剖学や分類学は形態学の典型である。なにをするのかって、目で見て、記述する。見えるんだから、言葉にする必要はないじゃないか。写真か現物を見せればいい。

それもそうだが、セリフのない映画と同じで、言葉がないと、どうも具合が悪い。だから、解剖学では器官や組織に名前をつける。むろん細胞にもつける。細胞の一部にもつけるし、細胞の一部の一部にもつける。おかげで名前が万の桁になるから、それだけで専門家ができる。

分類学だと、生きものに命名する。生きものの種類は多い。昆虫は多く数える人で三千万種、少ない人でも五百万種。名前がついているのは、そのうち百万になるかどうか。だから昆虫に関して、世界はまだ新種のほうが多いはずである。

私はいま、クチブトゾウムシを調べている。ゾウムシは、昆虫のなかでいちばん種類が多い甲虫に属する。その甲虫のなかでいちばん種類が多いグループが、ゾウムシ。要するになにしろいちばん多い。だから、調べが不十分である。チョウ類なら好きな人が多いから、かなり調べが行き届いている。それでも毎年新種が記載される。ゾウムシは推して知るべし。

目で見たものを言葉にするだけでは、科学としては評判が悪い。それについてはいろいろいうことがあるが、いう気がしない。ともかく虫は面白いので、それで十分である。

ときどき、どう面白いのか説明しろという人がいる。蓼《たで》食う虫も好き好きで、好みの説明はいらない。虫に関心を持ったら、面白いとわかるはずである。

ファーブルはひたすら虫を見て、一生を過ごした。教師をやっていたのは身過ぎ世過ぎのためである。世間で生きていくためには、まずは世のため人のため、ファーブルといえども働かなきゃならなかったのである。

色を見る

虫の色はすごい。すごいなあと、いつも思う。

人類の歴史始まって以来、宝石は珍重される。色がきれいだからであろう。虫の色もそれに劣らない。ホウセキゾウムシという名があるくらいである。もっともこれは虫好きの奥本大三郎が命名したといっていたから、身びいきがあるかもしれない。

「いろいろ」というくらいで、色の種類もたくさんある。日本語は色に関する語彙が豊富な言語だったが、いまでは単純になってしまった。自然と縁が遠くなってきたからであろう。生き残っているのは玉虫色で、これは色の美しさを讃えているわけではない。

日本の自然でいちばん美しいもの、私はそれを四国の山の新緑だと主張する。でも、四国で自然林を探すのは、容易ではない。高知県なんて、森林の約七割が人工林のはずで、要するにスギとヒノキだから新緑もクソもない。あるのは花粉症だけ。

かつて美しい自然を見ていたから、日本人は色彩の美に対する感受性が高かったのだと信じる。でも、現在はどうかなあ。東京都内のビルは何色をしているのか。都庁のビルは果たして何色か。考えたくもないわ。毎日あんなものを見て、世界とはあんなものだと思ってしまえば、そりゃ自然も壊れますわね。いやだなあ。今日も東京に行かなきゃならない。ビルばかり並べて、経済かなにか知らないけど、人間がだんだん貧相になっていくような気がする。

それに引き換え、皇居の新緑の美しいこと。季節が変わったら、ビルの色くらい、変わるようにできないのか。日本は技術立国じゃないのか。新しいB787は、ボタンを押すと窓の色が変わるようになっていて、明るくしたり、暗くしたりできる。まだまだ不十分だけどね。

建築史家の藤森照信は、新宿の高層ビルの壁面に全部タンポポを植えるというアイディアを出した。春になったら、ビル全体が黄色くなる。花が終わったら、真っ白。いいじゃないですか。だから、藤森は自分の家の屋根にタンポポを植えて、タンポポ・ハウスにした。奥さんがいうには、おかげで子どもが学校でいじめられる、と。世間とはそういうものですなあ。

竹林の七賢というのが、わかるような気がする。中国はやたらに古い都市社会で、とうの昔にというか、唐の昔に都市社会が完成している。おかげで自然という概念すらないと思う。中国の若い実業家が水上スキーをして、「自然は気持ちがいい」と述べているテレビを見た。その湖は人工湖で、水中には木が生えているのだが、それはアマゾンから移植したものだった。

三陸海岸には、高さ十数メートルという防潮堤を造るという。私はもう寿命がないから、勝手にしやがれと思うけれど、水が来るから堤で防ぐというのは、子どもでも考えつく。浮く町くらい、造ってみたらどうか。人間は時代を経ても、いっこうに利口にはならないみたいですなあ。

本題に戻って、というか、なにが本題だかもうわからなくなったけど、色の話。色も形と同じで、相手にもあるが、同時に見ているこちらにもある。

ヒトは三原色だが、霊長類はおおむね三原色。ところが、多くの哺乳類は二原色である。つまり、網膜の錐体《すいたい》細胞が三種類あるか、二種類あるかの違い。言い方を変えれば、三つの違う波長の光をそれぞれ感じるように特殊化した三種類の細胞があるか、二つの波長しか感じないか、その違いである。

その三種類を波長の短いほうからs、m、lと略して呼ぶ。私が若いころは、霊長類は食べ物である果物が熟しているかいないか、色で見分けることが重要なので、色彩を判別する能力が進化したと教わった。

そこでちょっと不思議だったのは、mとlの波長の差があまりないことだった。両者ともにsから離れているのである。波長からいうと、sとlの間にあるmの必然性が理解できない。でも、私は生理学者じゃあないから、疑問は疑問として放置してしまった。こういうことは、いけませんなあ。もっと考えるべきだったと、いまでは思う。

最近わかってきたことだが、じつは霊長類の三原色は、社会生活に関係しているのである。じゃあ、なにを見るのかというと、顔色。mとlが近い理由はそれだった。顔色が赤くなったり、青くなったりする。それを敏感に見分けて、相手の状況を判断する。それが社会生活をするサルの仲間では重要な能力だったのである。mとlはそれぞれ、顔色の変化のピークと一致している。

日本語には昔から「顔色を読む」という成語がある。このくらいのことは、実験しなくても気が付かなきゃいけなかった。

顔色を見るように進化した能力を使って、虫の色を見ているんだから、虫の色を論じるのはお門違いなんですなあ。それがヒトの変なところで、変なところで生じた能力を使って、筋の違うことを考える。それを科学とか学問とかいうのである。私はそう思う。

物理学では色は光の波長に依存する。でも、見えている色そのものは、かならずしも物理現象に一致しない。客観的に測定できる光の波長と、見えている色は、厳密には並行しない。ニュートンの色彩論と、ゲーテの色彩論は折り合わない。その理由の根本はここであろう。ここにも「見ている私」と、「見られている対象」の乖離が生じている。

いまとなってはそれで当然だが、私の若いころはそうではなかったのですよ。物理帝国主義なんて言葉が後になってできてきたのは、その意味では当然である。世界は物理学的法則で動いている。そう主張しているのは物理学者の意識、つまり脳なんですからね。その意識が「物理的に」どこまで正しいのか、物理学で検証可能か。

虫の色

見ているほうの私の目はとりあえずおいておくとしよう。見られている虫の色は、どのように生じているのだろうか。

虫の色については、いくつかの問題に整理できる。まず、なぜ色が出るのか、である。これは構造色と化学色に大別される。

構造色は表面の微細構造によって色がつく。玉虫色が典型で、見る角度によって色が違って見えるのは、キチンの透明な薄層が重ねられているからである。それでどうして色が違うのか、説明が面倒くさい。要するにプリズムの原理だといっていい。プリズムは透明なガラスでできているのに、七色が出るじゃありませんか。

他方、化学色は色素による色である。ゴキブリの色はメラニンだとか、モンシロチョウの色はプテリジンだとか、要するに色のある物質が含まれている場合である。もちろん構造と色素の両者が絡む場合もあるに違いない。

植物の葉の色は、紅葉していないかぎり緑に決まっている。これは葉緑素の色だと、だれでも知っているであろう。葉緑素が緑なのは、中波長の緑以外の光を葉緑素が吸収し、光合成に利用するからである。緑はいわば余った光である。

それなら紅葉は赤い光以外を利用しているかというと、そうではない。赤い光を強く反射しているだけであろう。じゃあ、ほかの光はどこに行ったのか。このあたりから、素人にはわからなくなってくる。他の波長の光は吸収されてしまうと思えばいい。吸収されたらどうなるかって、たとえば熱に変わる。だから目に当てておくと、黒いものなら、とくに熱くなるんですなあ。

発色の次は、色の配置である。斑紋《はんもん》問題といってもいい。昆虫の斑紋はじつにさまざまだが、にもかかわらず、なにかの規則があるようにも感じられる。そこにある規則とはなにか、これはなかなか興味深い問題になる。

チョウの斑紋はさまざまだが、それを並べていくと、淡色で斑紋がほとんどないものから、まったくの黒色になるものまで、順次並べることが可能なように思われる。乱暴に見れば、ありとあらゆる斑紋があるのだから、たくさん並べたら、ひとりでに順序ができるだろうが、と思うこともできる。そうではなくて、こういう規則なんですよ、と説明ができないわけでもない。本当にそうかというと、新しいチョウが見つかって、その規則が崩れるかもしれない。このあたりが自然現象を相手にするときの泣きどころである。

しばらく前に、昆虫の色の凄さを見せつける本が出た。クリストファー・マーレー著『世界一うつくしい昆虫図鑑』(宝島社)である。著者はデザイン関係の人で、昆虫だけではなく、自然の形や色彩に強い関心があるらしい。

私があれこれ能書きを述べるよりも、この本の写真を見てもらったほうがいい。実物を見てくれればもっといいが、きれいな虫は熱帯産のものが多いから、日本の国内ではなかなか見られない。

この本はきれいな虫をデザイン的に並べているのだが、ともかく凄いというしかない。デザインだから人工的に、つまり意識的に並べているのが少し気に入らないが、それでも凄いことは凄い。口惜しかったら、こんな色彩を出してみな、という感じである。

一部の虫がこういう派手な色をしているのはなぜか。私にはわからない。あまりにも極端にきれいなので、鳥もビックリするのかもしれない。

ともかく自然の中では、こういう色彩は目立つはずである。それならこういう虫は目立とうとしているわけで、それにどういう利益があるのか。

毒があるからだという話もあるが、毒があれば、みんなきれいというわけでもない。たしかにフグを考えると、毒があるものは、なにかそれなりの特徴をもたないといけないらしい。フグのような猛毒をもった魚が、アジみたいなふつうの格好をしていると、捕食者は困るはずである。

どの魚を食べていいのか、それがわからない。それならなんでも食ってしまえ、腹がすいてはどうしようもない、そうヤケを起こされたら、毒をもっていてもあまり意味がない。だから、フグは膨らむのではないか。膨らむ魚は食わない。捕食者はそう決めればいいのである。

それならピカピカする虫は食わない。そういう報告があってもいいはずだが、たとえばタマムシなら、ヒヨドリが食べてしまうのを見たことがある。

大学に勤めているころ、自室が三階にあった。その窓から外を見ていると、ヒヨドリが地面に降りて、なにかつついている。虫らしいので、階段を駆け下りて見に行ったら、タマムシの残骸が落ちていた。東大時代のことだが、当時は東大構内にもタマムシがいたのである。というわけで、ピカピカはかならずしも魔除けにはならないらしい。

なにしろ私はきれいだなあ、で終わり。きれいな虫はそれぞれにきれいで、種類も多いのだから、きれいにしている理由は一つとは限らない。生きものは多様だから、それぞれに違った理由があるのかもしれない。私はもう寿命だから、だれか調べてくださいね。

虫の大きさ

虫は小さい。私は老眼の上に白内障が進んでいるから、小さい虫がよく見えない。でも、七十七歳でイタリアに取材旅行をして、アッピア街道の縁で花の上にいた一ミリ足らずのケシキスイを三匹見つけた。自分でも大したものだと思う。アッ、虫だ。それだけはわかるのである。

いまでは常時、首から虫メガネを下げている。これがないと、牛乳の賞味期限だって読めない。リスボンの空港でこれはなんだと訊かれたから、レンズだ、と威張って答えた。空港の職員は世界中で頭が固いことが多い。メガネは目の前にくっついているとは限らない。アクセサリーみたいにぶら下げていたって、不思議はないではないか。

虫メガネでもよく見えないときは、顕微鏡を使う。虫メガネは持って歩けるが、顕微鏡はたいていはダメ。ファーブルという製品があって、これは持ち運び可能だが、やっぱり取り扱いが虫メガネほど単純ではない。「虫」メガネで虫を見ているんだから、私はメガネの正しい使い方をしているのである。

ここまで書いて、ボルネオに行ってしまった。

凄かったなあ。なにが凄いって、もちろん虫である。山の上で灯をつけて待っていると、ボルネオオオカブトムシなどがブンブン飛んでくる。アトラスオオカブトだって来る。こんなものは要らないけれど、来るのが凄いじゃないですか。

白い布の上にオオカブトがとまっていて、その背中に小さいガが乗っている。私にまず見えるのは、そのガである。オオカブトのサイズになると、私の目にはもう虫に見えない。背中に乗っている小さいほうが、正しい虫なのである。

日本の甲虫図鑑には、各種について、体長が記載されている。それをグラフにした人がいる。ちゃんと山形の分布になって、ピークになるのは五ミリだと推定できる。つまりそのあたりが「正しい」虫の大きさである。カブトやクワガタは例外。ヨナグニサンなどは例外中の例外。

ボルネオではヨナグニサンもやってきたなあ。こういう大きなガが多くて、それが白布に止まると、せっかくやってきて布に止まっている小さい甲虫が払い落とされてしまう。セミもいかん。バタバタ暴れて、布から小さい虫が落ちる。テイオウゼミなんて、とんでもない。飛んでくるな。

布に止まっている小さい虫を、私は吸虫管で吸い込む。つまもうとしても、小さすぎてつまめないし、仮につまんでも、壊してしまう。肢《あし》がもげたり、潰れたりする。だから吸虫管で吸うしかない。

吸い込む前にカメムシじゃないだろうなとか、ゴミムシじゃないだろうなとか、本当は虫メガネで確認したい。吸虫管の中でくさい臭いとか、刺激臭を出されては具合が悪い。

でも、ボルネオでは、ガとセミの大群が邪魔をする。白布に近づいて虫メガネで見ようと思っても、目にガが入る、耳にセミがとまって騒ぐ、口に飛び込む、背中に入る。まあ、虫がたくさんいるのも、考えものですなあ。

疲れてうっかり地面に手をついたら、チクリ。痛！　アリかハチに刺されたらしい。

それでもずいぶん採ったこと。家に帰ってからその整理をしていたので、原稿なんかそっちのけ。頭が違うほうに行っているんだから、仕方がない。虫の季節に原稿を待っている編集者がバカなのである。

それにしても驚くのは、熱帯の昆虫の多様性。生物多様性という言葉があって、私だってよく知っている。国連の生物多様性年には、環境省に指名されてさかなクンや他のタレントさんと一緒に応援団にされた。

でも、である。ボルネオで虫を採ると、また実感する。同じグループの虫だから、どうせまたあの種類だな。日本ならそれで済むことが多いが、とんでもない。それこそ虫メガネでよく見ると、似たようで種類が違う。

『マレー諸島』（新思索社）を書いたアルフレッド・ラッセル・ウォレスがすでに書いている。「熱帯では同じ種類の虫がなかなか採れない」と。それは知識として、子どものころから知っている。

でも、これまでいろんなところで何度もいってきたけれども、生物多様性とはじつは概念ではない。じゃあ、なにかというなら「感覚」である。「スッゲェ」と感激することである。なんでこんなに種類が多いんだ！

大きさにもそれがある。ボルネオオオカブトムシはたしかに大きい。でも、泊まっていたバンガローの机の上で、同じところに泊まっていた中学生がほぼ〇・二ミリのハムシを見つけたのには驚いた。熱帯の虫は大きいだけではない。極端に小さいのもいる。つまり、大きさの幅が広がるのも、多様性のうちである。

熱帯の虫は大きいなあ。そう思っているうちは、まだ素人である。熱帯の虫は小さいなあ。そう思うようになると、プロに近づく。べつに威張るようなことではないけどね。

拡大する

虫は拡大しないと、よく見えない。もっとも知り合いの虫屋に、虫メガネなんて要らない、と豪語するヤツがいる。強度の近眼だから、肉眼でもよく見えるというのである。その代わり臭いが嗅げそうなくらい近くで見ている。

虫メガネであれ、顕微鏡であれ、拡大すると、なにが起こるか。むろん小さい虫が大きくなる。でも、そこで止まってはいけない。

小さい虫が大きくなったということは、じつは世界が大きくなったのである。その虫を百倍のレンズを通して見たとする。確かに虫は百倍になっているが、同時に大きくなったものがある。それは背景となっている世界全体である。虫を百倍にするということは、世界を百倍にしたということなのである。

それを忘れる人が多い。というより、ほとんどの人が、部分を拡大しただけだと思っている。それでいいのだが、その意味が問題である。百倍になった世界を見ることができるか。それまでの百倍の手間がかかるはずではないか。

そこを忘れる。だから、拡大して精密に観察したら理解が増した、と思ってしまう。でも、それが葉っぱにとまっている虫なら、葉っぱも百倍になっている。

以前、こういう例を出したことがある。黒板にH_2Oと二十センチの大きさで描く。これは水分子の拡大図だと思ってもいいよね。学生にそう伝える。じゃあ、水分子の大きさはわかっているから、この拡大図は水分子を何倍にしたものか。その倍率がわかったら、その倍率で自分が解剖している人体を描いてみなさい。

答。足が地球にあって、頭は月に届く。

小さいものを拡大するということは、世界を拡大することなのである。ということは、拡大してものを見ようとするなら、世界全体をそれだけ拡大して考えなきゃあならない、ということである。そこをたいていの人は忘れる。拡大して見た分だけ、世界が精密にわかった。ついそう思ってしまう。

ウイルスの構造は、いまでは完全に化学的に決定できる。それならその精度で、ヒトの細胞を記述できるか。無理ですなあ。細胞という言葉にしただけで、ウイルスと同じように「科学的に」わかっている、そう思い込む人が多いのではないかと疑う。冗談じゃないですよ。万という桁の種類のタンパク質を含んだ、脂質の膜で囲まれた、水と無機塩類を多く含んだ構造を、どう「化学的に分子レベルで」記述するんですか。

だれかが記述したと主張しても、そんなもの、私は見ない。だって自分が生きている間に、その記述の全貌が把握できるわけがないじゃないですか。ややこしくて、わかるわけがないわ。しかも細胞は時間とともに変化するんですからね。ウイルスなら結晶になるけどね。

拡大するというのは、そういう誤解を生じる。つまり部分を知ると、全体がわかったような気がするのである。そうは行きません。部分が精密にわかってきた分だけ、同じ精度で見た全体像はボケる。そういってもいい。

こういう考えは、科学の進歩という考えと折り合わない。だから嫌味をいっていると思われやすい。でも年中、細胞を拡大して見ていた私は、べつに嫌味をいったつもりはない。素直にそう思っていたのである。

いま虫を観察していても、相変わらず同じように思っている。虫の肢の先の毛を大きく拡大して見る。とんでもない構造になっている。さて、この虫が歩いている葉っぱの表面とか、地面を同じ倍率で見たら、どうなっているのか。そちらもとんでもないに決まっている。世界とは、拡大すると、とんでもないところなのである。

拡大なんかしなくたって、自然はわからないことだらけ。わからないものを百倍にして見たら、わからないことも百倍になってしまう。科学の進歩って、そういうところがありますよね。

天体望遠鏡で星を拡大する。そうすると、その分だけ宇宙が拡大してしまう。これまでより宇宙が大きくなってしまうのである。一つの星を拡大すると、他の星も同じように拡大して見なければならない。

そんな暇はないわ。なにしろ星は「星の数」ほどあるんだからね。

世界を拡大すれば、自分のバカさ加減も拡大する。そういってもいい。おおかたの科学者がそういわないのは、科学は客観的で、自分は関係ないと信じているからである。客観とは、見ている自分を度外視することだからである。

でも、いくら度外視したつもりでも、見ているのは自分でしょ。自分の目が見えなきゃ、そもそも見えないんだからね。

だから私は、科学は同時に脳の科学じゃなきゃいけない、と思ったのである。世界を拡大するのは脳で、それなら脳は顕微鏡の一種である。顕微鏡ならその性能が問題になる。では、脳の性能はいかに。こういう議論って、嫌われますね。だからここでもう止める。

区別して分類する

似た虫を比べて、違いを見つける。これは分類の第一歩。でも、カブトムシとモンシロチョウはふつう比べない。はじめから違うとわかっているからである。でもまあ、厳密にいえば比べたっていい。とくに隣にジョロウグモがあったら、昆虫とクモはどう違うか、それを「比べる」ことになる。

でも、ふつうそれもやらない。なぜかって、違いはもう本にちゃんと書いてあるからである。いや、たぶん多くの人は本を読まなくたって、クモと昆虫の違いを即座に識別する。識別すると思う。

「センセイ、この間クモを見ていたら、肢が八本あって、頭と胸の区別がありませんでした、昆虫とは違いますねえ」。そんなことをいった学生は見たことがない。にもかかわらず、ほとんどの学生がクモと昆虫を区別する。だからそれを区別する能力は先天的だと見ていいだろうと、私は思っている。肢の数とか、頭胸部の存在は、後から発見された説明に違いない。

理屈はつねに「あと知恵」なのである。

じつは脳にそういう働きがあるとわかっている。イヌとネコを間違える人はあまりいない。では、イヌの特徴はなにで、ネコの特徴はなにか。それをきちんといえるだろうか。むずかしく表現するなら、イヌとネコの違いを「明確に記述できるか」ということになる。

できなくていい。

なぜなら、脳ははじめからそれを区別してしまうらしいのである。どうしてそれがわかるかというと、脳のある種の障害では、イヌもネコもイノシシもわからなくなってしまうからである。もちろん脳全体が壊れたら当然だけれども、部分的に壊れた場合、脳のほかの働きはちゃんとしているのに、動物の区別だけがつかなくなったという例が知られている。

なぜ、脳は動物を識別する能力を持っているのか。それが生きていくうえで重要だったからに違いない。

ケブカトゲアシヒゲボソゾウムシを背中側から見る

裏返すとこうなる

トラフカミキリ（左）はスズメバチの仲間に擬態する

ハナカマキリの幼虫とムラサキシャチホコは植物に擬態する

ヤマトタマムシ。周囲の動きに敏感で手を近づけるとすっと逃げてしまう

コムラサキの翅は構造色なので光の当たり方によって左右の色が違って見える

ホウセキゾウムシはすごいなあ
〔『月刊むし』2003年5月号表紙より〕

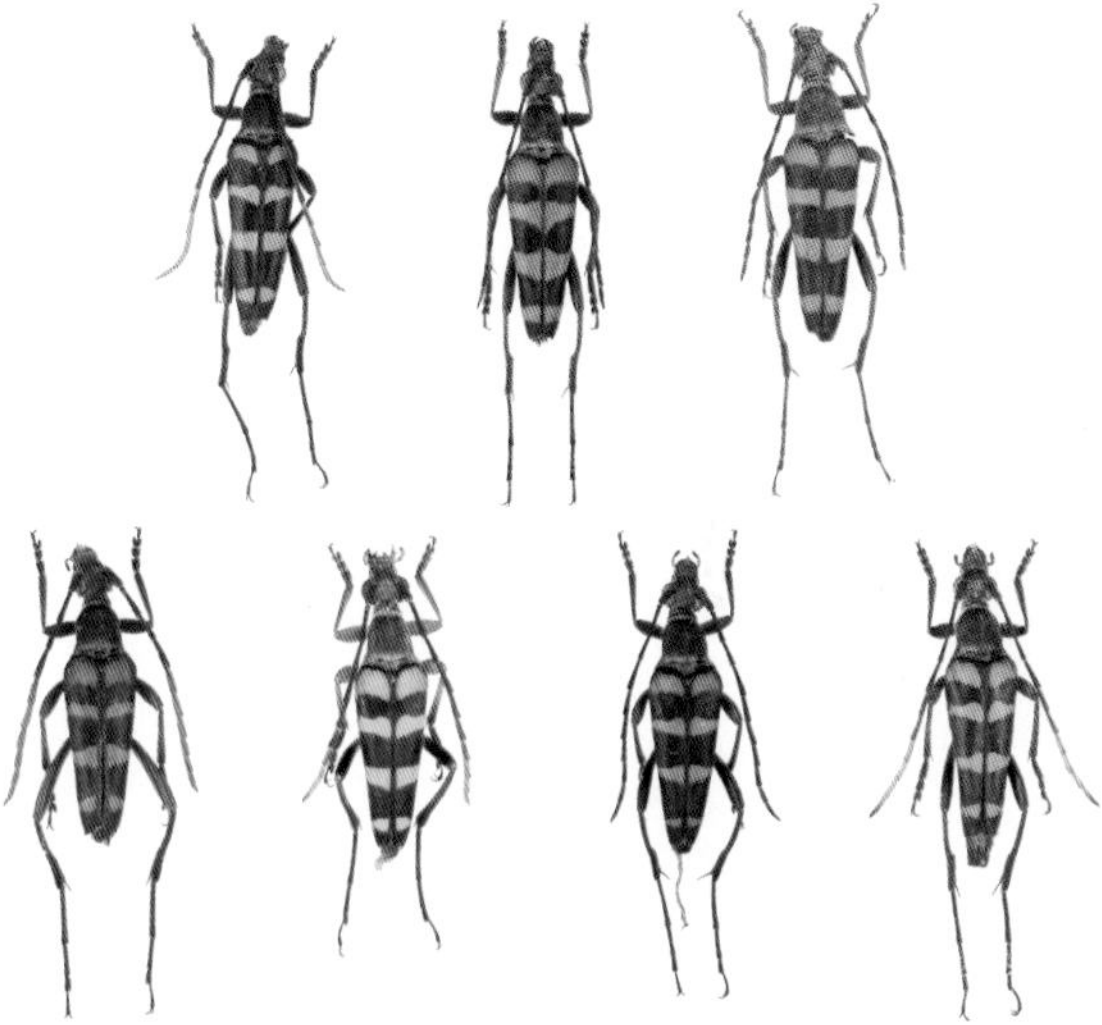

すべてヨツスジハナカミキリ。地域によって形や色が異なる

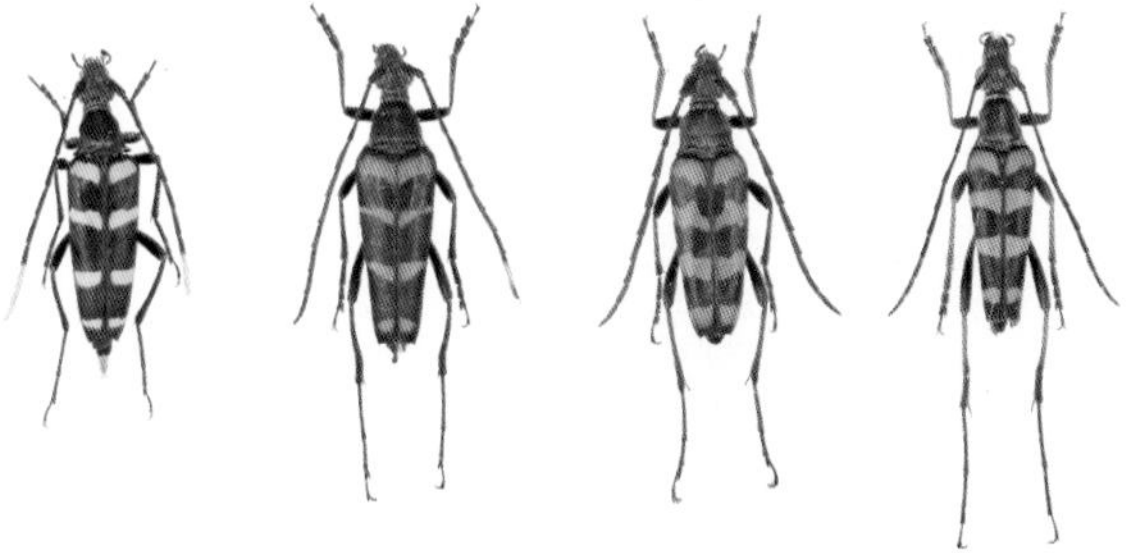

ヨツスジハナカミキリによく似ているけど別種

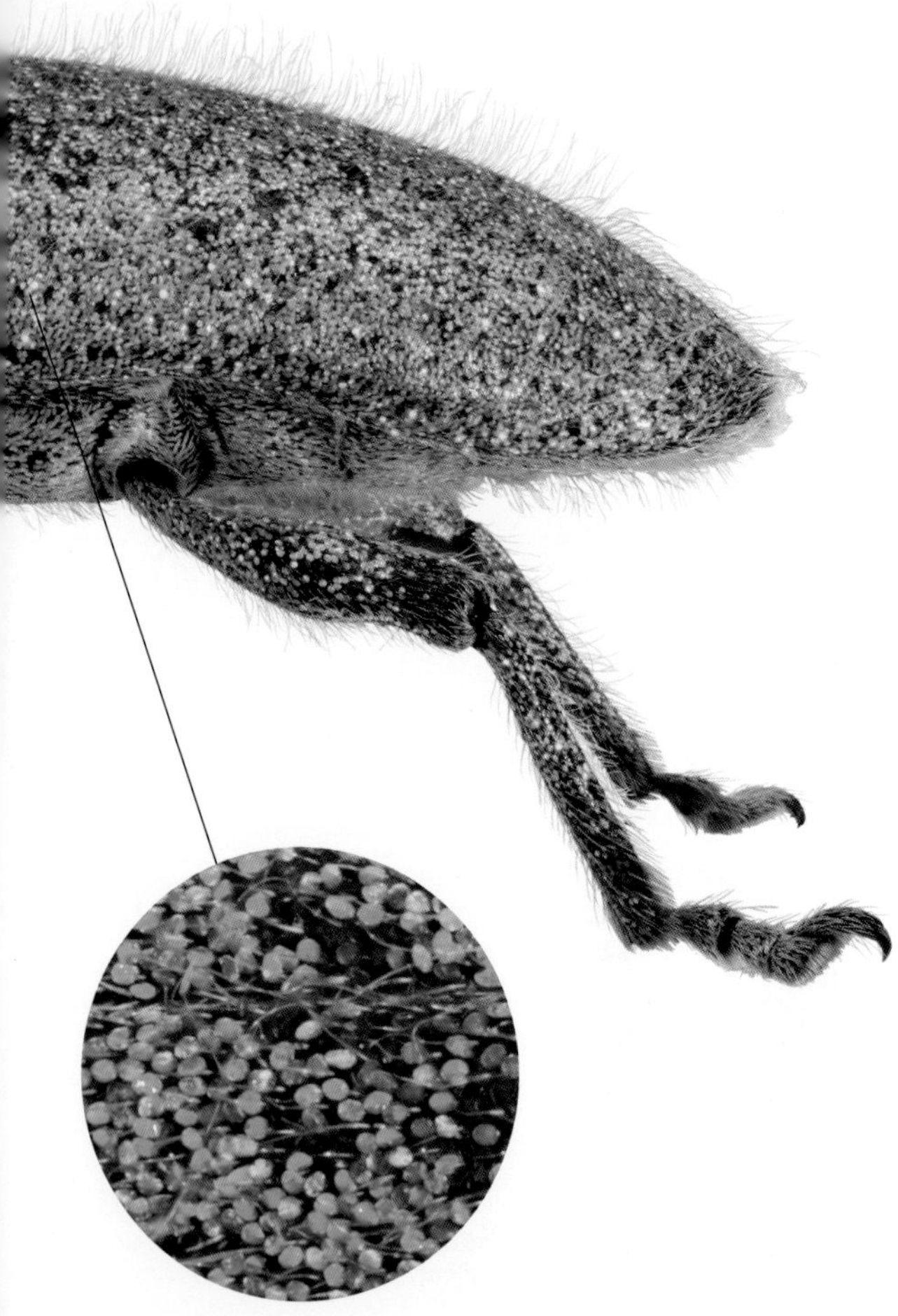

ホウセキメカクシクチブトゾウムシを拡大する。下は原寸大、右はさらに部分拡大
〔小檜山賢二著『象虫　Weevils : MicroPresence』出版芸術社より〕

スズムシの右前バネの裏側を電子顕微鏡で拡大するとヤスリ構造が見える
（オス右前翅裏面 300倍）

糸魚川—静岡構造線の西側にしかいないコヒゲボソゾウムシ

イヌもネコもイノシシも区別ができない人は、いたかもしれないが、もういなくなった。だって、狩猟採集生活を考えたら、そういうヒトが生き延びる可能性はかなり低くなるからである。ましてシマウマとライオンを混同したら、話にならない。

イヌにはイヌの定義、ネコにはネコの定義があって、それで犬猫を区別している。ほとんどの人がそう思っている（と思う）。でも、それはたぶん違う。だって、イヌもネコもふつうの人にはまず定義できないからである。

百科事典にはイヌという項目もネコという項目もある。それぞれが丁寧に説明されているけど、その説明をすべて知っている人はあまりいないはずである。それでも犬猫の区別はできる。

たぶん、われわれはイヌとネコをまず定義して、それに従って区別しているのではない。先に区別してしまってから、無理矢理に定義している。そう考えたほうが実情に合う。私はそう思っている。

虫の場合には、ちょっと事情が違う可能性がある。カブトムシとモンシロチョウなら、犬猫の場合に似ている。でも、アトラスオオカブトとボルネオオオカブトの違いは、ちゃんと比べないとわからない。でも、カブトムシだってことなら、ほとんどの人がわかるはずである。

つまり、われわれヒトは動物を識別する能力をあらかじめ（ある程度だが）持っている。ただ、たとえば昆虫になると、あまりにも種類が多いので、その能力を超えてしまう。そこで分類学と称して、丁寧に比較して分ける作業が成立するらしい。

虫好きの人が虫を捕まえて、「これはちょっと違うんじゃないですか」と言い出すことがよくある。直感的に種の違いを見分けているのである。あくまでも「ちょっと違う」だけなので、じゃあ、なにが違うのか、それを追及すると、本人もはっきりとはわかっていない。

そこで顕微鏡を使って丁寧に見ると、違いが明確に見えてくる。その違いを近似の多くの種について明確に記述していくと、やがて分類学が成立する。

もちろんふつうの人はそこまでやらない。そもそも虫を丁寧に区別したところで、一文にもならない。「あの虫とこの虫は違うよ」と教えても、「だからどうした」と言われるのがオチである。

文明に関する本をいくつか書いているジャレド・ダイアモンドは、もともと鳥の分類学者だった。ニューギュアのゴクラクチョウの分類を完成した人である。でも、ジヤレド・ダイアモンド自身が驚いたことがある。それは自分が丁寧に分類して記述したゴクラクチョウの種を、現地の住民が現地語ではじめからきちんと区別していた、ということである。

学者に相談しなくても、素人だってちゃんとわかっている。相手が鳥なら、そういうことになるらしい。虫ではわからないけど。

こんなふうに思えば、ヒトは皆それぞれ、分類学者なのである。ただ生活上の必要がないから、その能力を発揮しない、あるいは失っただけであろう。

五感と虫

ふつう虫は見るものである。見た目がきれいでも、虫に触りたがる人はあまりいない。いないと思う。でも、たまにはイモムシの背中をなでて、可愛がる人がいたりする。人さまざまだから、それでいい。

触るで思い出したが、自宅の近所の公衆トイレの壁に夜間、クチキムシが二匹、飛んできてとまっていた。それぞれを右手と左手でつまんで、自宅まで帰ったことがある。両方とも五ミリくらいの大きさ、色は似ていて薄茶色。でも、手でつまんでいたら、両者は別種だとすぐにわかった。感触がまったく違う。もがき方も違う。そういうふうに触覚は敏感だけど、現代生活ではそれを実感する機会は少ないのではないか。

なぜか知らないが、現代の都会人は触覚を嫌う。というより、できるだけ無視する。お店なら、「商品には触らないでください」という。商品が汚れるというのが店側の言い分だろうが、私はそれは後づけの理屈だと思っている。触られること自体を忌避しているのに違いない。

ビルの壁はしばしばコンクリートの打ちっぱなし、あんなもの、頼まれても触る気がしない。子どものころ、鎌倉のお寺でよく遊んだ。当時のお寺はむろん木で造ってあるから、柱や欄干に触るのに抵抗がない。コンクリートじゃあ、触りたくない。金属製の手すりなんて、夏の暑い日には火傷《やけど》しそうに熱くなるし、冬の寒い日には、手が凍りつきそうになる。手すりだというのに、触るな、ということらしい。

赤ちゃんにはスキンシップが大切だ。そんなことが、頻繁にいわれたころがあった。覚えている人もあろう。そういうことが頻繁にいわれるということは、お母さんが赤ちゃんに触っていない、ということではないのか。

現代人はそういう人たちなんだから、虫なんか、触るわけがないでしょうが。

去年、ボルネオで、オサゾウムシの巨大なやつを採ってきた。背中がビロード状である。触っていると気持ちがいい。たまたま帰ってきてすぐにテレビ出演があって、テレビ局に持って行ったら、触ってみて気持ちがいい、といった人がいた。触った人が気持ちがいいようにと工夫して、ゾウムシが背中の毛を生やしたわけではないと思う。それならなぜ、背中をビロードみたいにしているのか、私にはわからない。

虫には音の世界もある。セミはウルサイ。バッタ、コオロギの類もやかましい。セミにはむやみに声の大きいのがいて、近くで鳴かれると往生する。

じつは鳴く虫は、皆さんご存じのセミやコオロギに限らない。発音器をもつ虫はいろいろ知られている。ゾウムシにもある。オオキノコムシ、コメツキモドキ、テントウムシダマシなどの甲虫は、頭と胸の接点の頭側にヤスリ状の構造があって、そこが胸の前端にこすれて音が出る。カミキリムシがよくそれをやるのは、ご存じかと思う。大きなカミキリを捕まえて、キィキィいわれた覚えがある人はいるはずである。

虫の関節部分を電子顕微鏡で見ると、かならずヤスリ構造が見える。つまり、関節が歯車構造になっている。これは関節をある位置で固定するのに都合がいい。

われわれヒトは、関節をある角度で固定しようとすると、筋肉に力を入れて固定しなければならない。関節が歯車状だと、その必要がない。いま歯車がはまっている位置でとりあえず止めておく、ということができる。この関節を急速に動かすと、ヤスリがこすられる。だから、虫は動くとかならず音がするのではないか。私はそう疑っている。

ただし、その音が聞こえるとは限らない。バッタの仲間が翅《はね》をすり合わせているのに、音がしない。そういうのを見たことがある。音がしないのは、音が存在しないのではない。私の耳には聞こえないだけである。でも、ヒトは勝手なもので、自分に聞こえない限り、音は存在しないと思っている。

音を聞くために専門化した器官、つまり耳は、昆虫では発達していない。代わりに触角で聞いたりするらしい。

音は空気の振動である。だから、とくに耳を持たなくても、体のどこかに共振する部分があれば、それが耳の代わりになる。剛体には固有振動数があって、その剛体に特有の波長で振動する。

虫の体だって同じで、セミのメスの体のどこかが、あのオスの鳴き声に共振しているはずである。剛体といっても、虫の体の中には水があるじゃないか。それでもべつに差し支えはない。コップに水を入れたら、木琴の代わりになる。あれを考えたらわかる。水の量を変えてやると、同じようなコップでも振動数が違ってくる。だから複数のコップを使えば楽器になる。

アリの巣なんか、じつはうるさくてしょうがないだろうと思う。歩くたびに、関節を動かすから、音がするはずなのである。ただし、聞こえなければ、うるさくない。虫がふつう耳を持っていないのは、必要な振動だけを感知しているからであろう。

そういう目で虫の構造を見ると面白いと思うのだが、虫が出す音を感知する機械や器具を創るのが面倒くさい。ごく小さい音に違いないから、感度が高くないといけない。しかもそういう小さい音は、ノイズに消されてしまう。

ただ、虫の出す音の振動数はかなり幅が狭いはずだから、当たりをつけてちゃんと調べたら、わかるはずなんだけど。

虫を見てなにがわかるか（一）

じつはここで論じているテーマは、編集者がとりあえず用意してくれたのである。それに従ってあれこれ書いているうちに、いつの間にか虫の季節になってしまった。そうなると原稿どころではない。早く仕事を済ませたいので、適当に書いて済ませて送ったら、どうもバレてしまったらしい。

さすがにプロだから、いい加減に書くと、すぐにわかってしまうのである。いろいろ疑問点までついてきてしまった。仕方がないから、書いたものを全部消して、仕切り直し。やり直したらよくなるというものでもないが、確かにだんだん説明不足になってきたような気がする。

虫を見てなにがわかるか。

今回のテーマはこれだが、この疑問の背景はやや複雑だと私は思う。まず、「なぜ、虫なんかが好きなのだ」という疑問が後ろに隠れているような気がする。前にもちょっと触れたが、好き嫌いに理屈はない。でも、虫なんか見るのもイヤ、一方でそういう人がいるのに、他方に虫ばかり見ている人がいる。意識はその矛盾に耐えられないところがあるらしい。

まあ、人とはそういうものである。世界はべつにわれわれの意識にピッタリはまるようにできているわけではない。あちこちに違和感があって当然であろう。年をとると、だからそういう違和感に寛大になる。ま、いいか。そうなってしまう。

それがいいか悪いか、そんなことはわからない。世の中、けしからん。そういって、まなじりをつり上げて怒るのは若い証拠で、それがまたなければ、世の中の進歩はない。

好き嫌いはともかく、次の背景は「虫なんか調べて、いったいなんの役に立つのか」であろう。だから、私はしばしば「一文にもならない」と書く。つまり、虫の研究には実用性が欠けている。むろんそう書けば、実用になる研究をしている人たちに叱られるに違いない。

どうやって虫を駆除するか、それが重要になる局面も多々ある。でも、たとえば私はそういう研究をしているわけではない。おおかたの虫好きは、実用なんか考えていない。いわば勝手に動いているのである。

私は解剖学、つまり基礎医学の一つという、実用性のない学問をやっていた。だからこの疑問にはたえずつきまとわれた。患者さんを診れば、世間のお役にも立つし、お金にもなる。なぜ、それをやらないのですか、という暗黙の圧力を感じるのである。

突然のようだが、だから解剖も虫も、やや宗教に近いなあという気がしてきた。お坊さんはべつに実用性はない。畑を作って、余ったイモを分けてくれるというわけではない。

仁和寺《にんなじ》の隆暁法印《りゅうぎょうほういん》は、戦乱と飢饉のために死屍累々、京の都が死臭に満ちているという時期に、成仏させるために、一つひとつの死体の額に「阿」の字を書いていった。その数、左の京だけで四万二千三百。鴨長明は淡々とそう書いている。

ところで、その時代に隆暁法印はなにを食べていたんだろうか。それが食糧難で育った私の疑問である。それを記している鴨長明だって同じこと。貴族やお坊さんは生きてられたけど、庶民は死んでたんだなあ。じゃあ、庶民は全部死んだかといえば、それも違うであろう。

実用が人を救うとは限らない。突き詰めていえば、そういうこと。

まあ、鎌倉時代はそれが露呈した面白い時代なのに、歴史家はそれを書かないような気がする。現代とは逆の時代と思えばいいだろうと、私は思っている。『方丈記』も『平家物語』も、いわば同じ言葉で始まる。諸行無常。ということは、そういう思想はこの時代にいわば「発見された」に違いない。私はそう思うのである。

諸行無常はもっと前からある言葉である。だから、べつにそのころに発見されたわけじゃない。そりゃそうだけど、それまでは、それはあくまでも「言葉」であって、「実感」ではなかった。「驕《おご》る平家は久しからず」は、その実感の一つなのである。

その実感から生まれたのが鎌倉仏教であろう。それがなぜか、今日まで日本仏教として命脈を保っている。日蓮宗、浄土宗、真宗、禅宗、みな鎌倉時代が大きな背景なのである。

しかも、われわれはそれをすっかり忘れた。なぜなら「情報」は無常ではないからである。むしろ無常でないものを情報と呼ぶのである。

ここに書いている言葉は消えない。というより、百年たっても変化しない。でも、書いている私は百年どころか、十年で消滅するかもしれない。情報化社会とは、世間の常識が諸行無常とは逆さまになる時代である。

平安時代も今と基本は同じだった。だから歌を詠んで、それを紙に書きつける。詠み人は死んでいなくなっても、歌は残っている。思えばそれは亡霊で、不気味なんだけれども、それを不気味と思わないのが都会人であろう。美空ひばりの姿がたまにテレビに映っていると、そう感じるのである。テレビの画面は情報だから、本人が死んでいたって、内容は変化しない。そんなものばかり見ていれば、考え方がおかしくなって当たり前かもしれないのである。

それと虫とどういう関係があるのだ。

虫はもともと諸行無常で、実体の世界に属している。それを「情報化」するのが虫の研究で、その作業は実体と情報の間を常に往復する。だから、二つの世界が存在することを、たえず実感するのである。そこが要なのだろうと私は思う。

虫に名前を付ければ、虫はそういう虫になってしまう。それは今後は永久に変わらない。そういう約束事になっている。でも、それは実際の虫には関係がない。虫はそういっているに違いない。

そういう「感覚」からすれば、お金の世界なんて抽象の極みである。銀行のコンピュータの中の数字じゃないですか。それを稼ぐことが「実体」だとは、とうてい私には思えない。ところが、そういっていては「実社会」での生存競争に負ける。だから、「実社会というゲーム」には、いやでも参加して、適当にお金も稼がなくてはならない。でも、それが本来の人生ではない。と、そんなふうに考えるようになる。ということはやっぱり、虫を見ることは一種の宗教じゃないんですかね。結局は実体か、情報か、どちらを信じるかという、信仰の問題なんだから。

虫を見てなにがわかるか（二）

虫を見てなにがわかるか。これをもう一度、考えてみる。

すぐに気が付くのだが、なにかを「わかろう」として虫を見ているわけではない。じつは見ているうちに、なにかが「わかってしまう」のである。

現代社会では、人は意識的に行動するのだという常識が、無意識にできてしまっているように思う。だから、虫を見ることにしても、「なにかのために見ている」という暗黙の前提ができている。でも、実際はそうではなくて、ただ面白いから見ているので、そうしているうちに、なにかがわかってしまうのである。だからもちろん、なんにもわからないことも年中ある。

いまの科学はこういう素朴な段階を過ぎてしまった。だから、「こういう目的で、こういうことをします」と、研究費の申請書に書く。でも、正直なところ、私はなにかはっきりした目的があって仕事をしているわけではない。『バカの壁』（新潮新書）だって、いいたいことが溜まっただけである。溜まったら、吐き出さないとお腹が張る。そういうわけで、申請書を書くことができない。べつに目的はないんだけど、虫が見たいんです。それでは研究費をくださるわけがない。税金ですからね。

「虫を見てなにがわかるか」という疑問への答えは、だから「こういうことがわかってしまった」ということになる。これって、あまり利口そうには思えないじゃないですか。犬も歩けば棒に当たる。そんなものは科学じゃない。そういわれてしまう。

だから、科学でなくていいのである。いったんそう思うと、じつに楽になる。科学上の約束事は大変で、いかに面倒な手数がかかるか、やった人は知っているであろう。やってない人でも、小保方問題を考えたらわかるはずである。実験ノートがどうの、写真の差し替えがどうの、あれこれ面倒くさい。

私の場合には、そういう心配がない。だから逆に、嘘をつく必要も結果を飾る必要もない。こうなってんだから、しょうがないだろ。現物を見て、そういうしかない。そこからわかることは、ほとんど「想像」である。

科学論文に想像は書けない。でも、世界には想像するしかないことがたくさんあって、生物進化なんて、その典型である。だってもう済んでしまったことで、証拠が残っていない。恐竜なんかの化石がたまに一部残っているから、あれこれそこから考える。虫からわかることも、それと似たようなことである。

たとえば虫には、狭い日本の中でも、一部の地方にしか住まないものがある。私が調べているヒゲボソゾウムシはその典型である。

そのなかに、たとえばコヒゲボソゾウムシという種類がいる。この種類は乗鞍岳のような北アルプスの山に行けば、道端のイタドリでいくらでも採れる。じゃあというので、松本盆地を越えて東に行き、八ヶ岳に行ったらどうか。一匹もいない。イタドリなんて、そこらの電車の線路にだって生えている、バカみたいな草である。

八ヶ岳にいないだけではない。あちこちで採集してみればわかる。それらを総合すると、糸魚川——静岡構造線の西側にしかいない。そういう結論になる。じゃあ、西ならずっといるのか。中部地方と紀伊半島にはいるけれど、中国地方と九州にはいない。四国では似たような二種類に分かれてしまう。

ヒゲボソゾウムシの仲間は、同じような地域的な違いがあって、それを全体でまとめると、北海道・東北・関東をまとめた地域、ただし、同じ関東でも、伊豆から箱根・

丹沢にかけての狭い地域、さらに中部という地域、中国地方、九州・四国の西半分をまとめた地域、四国の東半分という地域、さらに紀伊半島と、大略このくらいの地域に分かれる。書くだけで面倒くさい。

でも、これがどうしたのかというと、この区分はおそらく地質学上のある時期、まあ千万年の桁になるような古い時代に、日本列島が島状に分かれていた、その名残と推測されるのである。

オサムシのような、後翅が欠けていて、飛べないグループでは、こういう地域的な差は非常によく調べられている。地域的に違う型があって、それが別種や別亜種にされているから、専門に調べている人でないと、もうなにがなんだかわからない。ところが、ヒゲボソゾウムシは飛べるくせに、先に述べたように、構造線を越えなかったりする。餌が問題ではないことは、イタドリでわかるであろう。要するに移動したくないのだろう、というしかない。

この十年くらい、ラオスのゾウムシを調べている。ここでも似たようなことがあって、ラオスは北部、中部、南部に分かれる。ラオスの地図はあまり見たことがないと思うが、オタマジャクシみたいな形をしている。頭の多くが北部で、頭と尻尾の一部が中部、尻尾の大部分が南部である。

なぜ、それがいえるかというと、ゾウムシの種がそれに従って分かれるからである。地質学がどういう結論を出すか、それは知らない。でも、虫を見ている限り、ラオスという陸地は、南から三回、アジア大陸に衝突した陸塊からできているんじゃないか、という想像ができる。

だから、どうした。だから、役に立たないといったでしょ。

でも、虫を見ているうちに、話はいつの間にか、地球の歴史に変わってしまう。はじめはもちろん、地球の歴史を調べたいなんて思っていない。調べているうちに、そうなってしまったのである。

ことほどさように、話があちこちに飛ぶ。それが面白いのである。

ヒゲボソゾウムシを調べだしてから、四国の吉野川の流れがやっと理解できたような気がしている。暇のある人は地図を見て、吉野川の流れを見てくださいね。あの川は、高知県の早明浦《さめうら》ダムのあたりから、まず東に向かい、そこからほぼ直角に北上して、四国の中央山地を横切り、大歩危《おおぼけ》・小歩危《こぼけ》の名勝をつくる。さらに、池田の付近でまた直角に曲がり、東に向かって徳島で紀伊水道に流れ出る。

なぜ、川が山脈を横切るのか。なぜ、二度も直角に曲がるのか。これは小学生のときからの私の疑問だった。その答えのヒントは、虫から得られたのである。

それでも虫なのだ

ここまで書いてきて、ああ、つまらないなあ、と思う。実際に虫を見たり、採ったり、いじったりしているほうが、虫について書くより、よほど面白い。虫のことを書き出したら、すぐに実物が見たくなる。そうなったらもういけません。原稿なんかそっちのけ。それがわかっているから、私の場合には、書く仕事は鎌倉の家でやり、標本は箱根の家に置いてある。原稿を書く場所に虫は置かない。

思えば、仕事ってそういうものでしょ。見るより書くことが面白いなら、作家になる。私は書くことより、見るほうが面白いという段階だから、虫に関する作家ではない。虫を見る時間も経験も、主観的にはおよそ足りないので、頭の中に溜まったものが外に出たくて破裂しそうだという状況まで、まだ至っていない。

ファーブルの『昆虫記』は九十歳を超える一生の中で虫を見てきた記録である。これは凄いと思う。生活費も稼がなくてはならなかったのだから、虫だけ見ていたわけではない。ファーブルみたいな人がいたということが、虫が見るに値することの証拠になる。

ファーブルはまさに「この道一筋」の人だった。この慣用句は、一生同じ会社に勤めていた、というような意味ではない。「この道」というのは、あまり目立たない、地味な仕事という意味であろう。でも、それを一生、ひたすらやっていた。それがどうした。

その大前提は「人は変わる」ということである。現代社会では、人はどこまで行っても「その人」である。だから、名前も一生変わらない。

でも、秀吉の時代なら、日吉丸から始まって、木下藤吉郎、羽柴秀吉、豊臣秀吉から「てんか」になった。名実ともに「人は変わる」ものだったのである。それは、地味な仕事を一生やっている職人だって同じである。

そんなに「人は変わる」のに、相変わらず虫を追いかけている。それができるということは、虫はそれだけやり甲斐のある仕事だ、ということを示す。「この道」は一見、地味でごく限られた世界に見えるけれども、じつは一生を懸けるに値する。そういう意味だと思う。

ところが、現代人の前提は「同じ自分」だから、そんなことを思いもしない。自分がいつも同じなら、同じことをやっていれば、飽きるに決まっているではないか。でも、自分が変われば、同じことが違って見える。

時代の前提に逆らう説明って、面倒ですよ、ねえ。ときどき若い人が「退屈だ」という。退屈なのは、どこまで行っても「同じ自分」で止まっているからである。「同じ自分」だったら、外の状況を変えるしかありませんよね。

じつはそれは大変に面倒で、エネルギーがいる。だから、なにもしないで、引きこもって、ネットの画面を見るのがせいぜい、ということになるのであろう。とりあえずネットなら、相手がどこか部分的には変わっていくからである。

でも、虫採りは違う。同じ山に虫を採りに行ったらわかる。なぜ、同じところに行くのかといったら、そのつどいる虫が違うからである。同じ虫もいるけれど、違うのもいる。こんなもの、こんなところにいたか、と思うような虫が採れる。

中・高校生のころ、国立科学博物館にいらした黒沢良彦先生にお世話になった。たまに珍しいと思う虫を持っていくと、「よく採ったね」といわれるのが口癖だった。

先生にそういわれた虫は、いまでもすべて覚えている。思えばしかも、その後二度と採っていない。さすがにプロである。珍しい虫は専門外でもちゃんとわかっておられた。

それだけではない。山は行くたびに気分が違う。「祇園精舎の鐘の声、諸行無常の響きあり」。鐘は剛体である。剛体は固有振動数があって、叩けば同じ周波数で振動する。つまり、同じ音がする。じゃあなぜ、諸行無常なんだ。聞くほうの気分が、そのつど違うからであろう。

現代人は、「同じ自分」が備えているある範囲の気分があって、いまはそのどこかの気分に陥っている、と想定する。だから、いずれまた「同じ気分」が戻ってくるはずである、と。でも、人が変わるという想定をするなら、「同じ気分」なんかない。徹底して諸行無常である。すべての時は、違う時である。だから、一期一会。

すでに述べたけれど、情報は時間とともに変化しないものを指す。そういうものは、じつは意識の中だけにしかない。現代人は意識中心で、自分自身を情報と見なすから、「同じ自分」になってしまう。意識で世界を扱おうとすれば、「同じ」になって当然である。意識は「同じというはたらき」といってもいいからである。

現代社会は意識が作り出したもので埋め尽くされている。だから、ゴキブリが許せない。ゴキブリが嫌いなのは、チンパンジーだって同じだから、しょうがない。でも、あそこまで憎むことはないでしょ。その憎しみの根本には、ゴキブリはヒトの意識が作ったものではないという暗黙の背景がある。

意識が作らなかったものは、「なにをするか、わかったものではない」のである。そういうものは撲滅しようとする。それが現代。

そんな話は、ちっともわからない。そう思うなら、あなたは現代人だというだけのことである。長年虫を見ていて、右のようなことを私は教わった。虫が私に説教したわけではない。いつの間にか、右のように考えるように「なってしまった」のである。むろん、それが正しいとか、そう思うべきだ、などとは思っていない。私はそう思うようになった、というだけのことである。

ここで「虫」と書いたことを、「自然」と置き換えても同じである。でも、自然は抽象的な言葉で、その分意味がぼけてしまう。私の場合には、だからやっぱり虫なのである。

理屈をいうのに、もう疲れた。さあ、虫を採りに行こう。

ラオスで虫採り

タライいっぱいの虫

一九九八年に初めてラオスに虫採りに行った。それまでも何度か連れ立って昆虫採集に出かけていた生物学者の池田清彦君たちが一緒だった。

当時のラオスは一般外国人に国を開いたばかりで、事前の現地情報がほとんどなかった。私たちは甲虫類の採集が目当てだが、そんな目的でラオスに行く日本人は少ない。だから、どこで何をすればよいのかわからない。チョウが専門の西村正賢君が、ビエンチャンに若原弘之君というチョウの採集家がいると教えてくれた。それで、彼に案内を頼むことになった。このときから、ラオスつまり若原君、という公式が私の中にできた。

私は日本ではおもに、ヒゲボソゾウムシを調べている。ところが、東南アジアの熱帯には、それがいない。そこでラオスでは、ヒゲボソゾウムシに生態の似たクチブトゾウムシに狙いを絞ることにした。

ラオスに着いてまず行ったのは、ウドムサイ。中国国境に近い北部の歴史ある町である。とにかく山に行かなければ虫が採れないので、ナンボタカイという変な名前の山村に向かった。ラオス語でナムは水、ボーは湧くだから、「水いずる」という意味。

村に着いて、周りの林で虫を採っていると、若原君が村人に虫を集めてくるよう頼んでみると言い出した。彼が村長の家に交渉に行く。成人男女、子どもまで村を総動員して協力してくれることになった。ついでだからと遊び心も手伝って、二十四時間でどれだけの量の虫が採れるのか試してみようという話になった。

準備したのは、直径一メートルほどの金属製タライと、虫を殺して保存するためのエタノール二十リットル。採ってきた虫をその中に入れるよう、村人にいう。こちらの目的はたぶん理解していないだろうが、虫を集めてくればよいという点だけは伝わったらしい。お礼は幾ばくかの現金と、マラリヤ薬や焼酎。こういった山の村では、現金よりも薬などの物資のほうがありがたがられる。もっとも焼酎を用意したのは、エタノールを村人が飲んでしまわないため。

二十四時間後の翌朝、本当にタライにいっぱいの虫が集まった。クワガタムシやコガネムシ、カミキリムシなどの甲虫類もいれば、チョウやトンボもいる。ワシントン条約（絶滅の恐れのある野生動植物の輸出入に関する国際条約）で輸出入が禁止されている虫まで入っている。珍品雑魚《ざこ》合わせて何千何万の虫。

池田君がそこから一匹をつまみあげ、オオトラカミキリの仲間だと騒ぐ。ラオスから記録のある種だが、その当時はまだ一、二頭しか採れていない幻の虫だった。これだけで採算が採れたと彼は喜んでいた。

しかし、その後が大変だった。タライを宿泊先まで運び、虫を一つひとつ調べなければならない。私がほしいゾウムシは小さいので、こんな状態ではタライの底のほうに沈んでいるに決まっている。虫は採るより調べるほうが時間がかかる。

当時のラオスにはまだ、まともな造りのホテルなど少なかった。私たちが滞在していたのも、共有スペースのやたらと多い粗末なゲストハウスだった。タライの虫はそれだけで目立つうえ、この選別作業はどうしても人の目にさらされることになる。タライを運んでいたら、まず出会って怪訝《けげん》な顔をしたのは、宿のおばさん。私が食べる真似をして見せると、にこりと笑って納得した。ラオスは昆虫食文化圏だから、食べる目的なら大量の虫をタライで持ちこんでも、なんの不思議もない。

次に現れたのは、同宿していた四、五人の日本人の青年たちである。彼らはタライの虫を囲むわれわれを目にしたとたん、ソーッと部屋に消えていった。何かマズイものを見てしまった、とでもいいたげな顔をしていた。しばらくすると、部屋の中から「表に変な奴らがいる、かかわらないほうがいいぞ」というヒソヒソ声が聞こえてきた。「てめぇらのほうがコソコソしやがって、よっぽど怪しいじゃねぇか」と、池田君が腹を立てる。同胞の若者とは、残念ながらよい信頼関係を結ぶことはできなかった。

虫採りに抵抗のない国

ラオスは隣国のタイと同様、昆虫食文化圏の国である。だから、虫に対する抵抗が男女問わずない。そもそも虫は食料なんだから、怖がるのはありえない。日本では「虫は飛ぶから怖い」などといって騒ぐ女性がいるが、ラオスの女性はカメムシを見つけたらその場で生きたまま食べてしまう。これは決して誇張ではない。

たとえば、ちょっとした町の市場に行けば、カメムシを筆頭にヤゴやハチ、ゲンゴロウ、コガネムシなど、ラオス人には定番の食材昆虫を売っている。生きた状態のものもあれば、油で揚げたやつもある。ビエンチャン近郊のタンゴンには巨大な昆虫市場があり、あらゆるグループの昆虫がそこで見つかる。以前に立ち寄ったときは、コガネムシの山の中に珍種のカナブンが一匹いて、すかさず連れの虫屋が買い求めた。

虫と親和性の高いラオスは、虫屋にも居心地が良い。山で虫を採っていても、現地のラオス人がまったく不審の目を向けないからである。声をかけて来ることもあるが、虫を採っているとわかると、たいていは手伝おうとしてくれる。ラオスでは、虫採りという行動が食料確保の手段として日常化している。

これが日本だと、たいていは怪しまれる。虫を採っちゃいかんという、クソまじめな自然保護家に、非難の目を向けられることもある。たとえ好意的な人でも、あれやこれやと質問を浴びせられ、彼らの暇つぶしに付き合わされる破目になる。大の大人が虫採り網を持って歩いているのは、まともな日本人から見たら、変なことなのだろう。

ところが、ラオスでは放っておいてくれる。こんなに気持ちよく虫採りできる場所をほかに知らない。だからつい足が向く。

懐かしい風景

ラオスに初めて来たとき、なぜこんなに懐かしい感じがするのかと思った。日本ではもう珍しい棚田が、山岳地帯のいたるところにある。棚田だらけ。田んぼの脇を小川がさらさら流れ、赤とんぼが飛び、その周りをカシやアベマキの林が取り囲む。日本の童謡そのままの風景。

ラオスの山岳地帯の植生は、日本と共通するところが多い。低地は熱帯でも、標高が上がるとおおむね温帯の林になる。気候も熱帯にしてはかなり冷涼で、朝晩はずいぶん冷える。標高千二百メートル以上では、村の周りでレタスやキャベツなどの高原野菜が栽培されている。日本の里山にそっくりである。

アジア各地で虫を採ると、その土地柄がわかる。土地によって虫の顔つきも少しずつ違うし、虫の採れる環境も異なる。

マレー半島はまさに熱帯雨林で、虫も植物も見慣れないものばかりだった。オーストラリアでは、何もいそうもない乾燥したユーカリの林でたくさん虫が採れた。そもそもオーストラリアはユーラシア大陸から離れているので、採れる環境が極端に異なるのも当たり前である。日本を一歩出てみると、とにかくずいぶんと勝手が違う。

ところが、ラオスの山岳地帯では、ちょうど九州の山で虫を採っているような気になる。日本で経験してきたのと同じやり方で虫が採れる。そのため、ラオスに初めて来たときから、あまり苦労もせずにたくさん採れた。植生が似ているうえ、採れる虫もまた、日本と似た顔をしている。極東の日本からはるか離れた土地なのに、顔ぶれが似ている。「琉球と長野を足して二で割ったみたいだ」という人もいる。

それは決して他人の空似ではない。ユーラシア大陸の屋根であるヒマラヤを境に東西で生物相は二極化をみせる。東側は、インド洋から湧き立つ雲が豊かな雨をもたらす。そこから極東の日本までが、アジアモンスーン気候。反対の西側は、中央アジアの乾燥地帯である。

この極端な気候の違いが東西で動植物の分布を決定づけた。ヒマラヤから極東にかけて、シイやカシなどの照葉樹林が東西に長く延び、この植生の回廊づたいに生物が分布を広げてきた。

生物の分布は、地史的な長い時間のなかで捉えてみないとわからない。陸域と海域の起源、その配置の変化、気候変動、動植物自体の移動によって、生物は分布を拡散したり縮小したり、あるときは絶滅したりしてきた。

より古い時代には、大陸の移動とともに分布を広げた生物も少なくない。ゴンドワナ古大陸がいくつかの陸塊に分離したとき、その一片が北上してユーラシア陸塊の南縁にぶつかった。約五千万年前のことで、これがインドの起源である。この陸塊の北縁はユーラシアの南縁に沈み込みながらゆっくりと北上を続けていて、造山運動を引き起こし、ヒマラヤの峰々を形成した。長い地史を考えれば、ラオスの山々にいる虫が日本の虫と似ていてもなにも不思議はない。

似ているのに違う

日本とラオスで顔ぶれが似ているのは、松林の虫がその典型である。ラオスの面白さを松林で発見したといってもいい。日本との比較が面白い。

ラオスの山では痩せ地にマツの疎林が広がる。そこに棲んでいる虫は、ウバタマムシやオオヨツスジハナカミキリ、シラホシゾウムシなど、日本の松林でいつも見かける仲間である。ブータンにも松林が多いが、ラオスほどには似ていない。クチブトゾウムシもいるが、まったく他では知られていない新種である。

しかももっと面白いのは、虫の顔つきは日本と似ていても、種の多様性となると、ラオスのほうがそれこそ桁違いに高いことである。同じことをやっていても二倍三倍の種数の虫が採れる。

なぜこれほどまでに、ラオスは種の多様性が高いのか。アンナン山脈の存在が大きい。国土の東部を南北に走る山脈で、標高の高い峰々を頂いている。

地球上の気候はいつも同じわけではない。とくに現代に近い地質時代には、氷河期がしばしばあり、最後の氷河期は約一万五千年前に終わった。

ヒマラヤ周辺の涼しい気候で生まれた系統が、寒い時代にいったん南下した。その後再び温暖な気候に戻ったとき、低地は暑いから涼しい山に逃げた。標高の高い山があったから、生き延びることができた。そういうことではないか。

ラオスのカミキリムシでいえば、ハナカミキリの仲間が典型であろう。標高二千メートルを超えると多くなる。ゾウムシでは、マツアナアキゾウがそうであろう。この仲間は、欧州から日本まで分布している。まさかラオスにいるとは思っていなかった。もちろんいても不思議はないのだが。

生物の分布に国境は関係ないが、たとえばタイには高い山が少ないので、ラオスほど冷涼な気候に適応した生物がみられない。ラオスでも、タイ国境のメコン河流域まで行くと、熱帯の生物相になる。

もっと南に下って、マレー半島とかインドネシアになると、生物相はがらりと変わる。そのほとんどは熱帯アジア起源のものである。とはいえ、アジアの温帯に起源のあるものがまったくいないわけではない。ごく限られた系統が赤道付近で多数の種に分化しているケースも知られてはいる。

クチブトゾウムシの仲間では、平地の熱帯性のものは森林さえ残っていれば調査もそれほど難しくない。分布の広い種が比較的多いので、ある程度の時間をかければ網羅することができる。しかし、標高の高いところにいるものは、山ごとに種分化を起こしていることがあるので、いちいちそこに行って調べなければわからない。やっかいであるが、それが面白い。ラオスにこれだけ通っていても、クチブトに関しては、全体のたぶん半分くらいしか採れていないのではないかと思う。

二次林だという思い込み

ところで、ラオスの松林は二次林だろうと、初めは信じていた。集落の近くの山に松林が多いから、勝手にそう思い込んでしまったのかもしれない。下草も少ない疎林で、人の手が加わった林という印象があった。

二次林とは、災害や伐採などにより自然林が改変された跡にできる林で、構成している植物も自然林とは異なる。

ところが、ラオスの松林はそうではなかった。林の中に実際に足を踏み入れてみてわかったのだが、生えている木の樹齢がかなり高いのである。刈り取った木の断面を見て気づいたが、細いわりには年輪が密に入っている。材も相当硬く締まっている。

それでも初めのころは疑ってかかっていた。日本ではいま、松の自然林をあまり見ることができないからかもしれない。

松林は土の栄養分が少ない痩せ地に成立する。むろん痩せ地でなくてもよいのだが、肥沃な立地では、マツはほかの樹種との競争に負けてしまう。だから、長い目で見ると松林は痩せ地にしか残らない。日本では、開発で伐採が進んだうえ、松くい虫による被害ですっかり枯れてしまった。だから、昔はたくさん採れた国産のマツタケが、いまでは高級品になった。

ラオスの山岳地帯では終日、雲が山腹を覆っていて高い湿度が保たれている。そのせいでマツの樹皮には蘚苔《せんたい》類が厚くびっしりと生えている。その蘚苔類の上にランが着生していることも多い。七、八種もの着生ランが松林に咲き乱れていたこともある。

蘚苔類も着生ランも、松林が長い歳月の間、手付かずに保存されてきた証拠である。だから、そういう光景を見ると、自然林だなあとつくづく感じる。

クチブトゾウムシはどこにいるか

二〇〇六年は九月にタイのコンケーンに行った。九月のタイはまだ雨期で、コンケーンにはクチブトゾウムシ類が腐るほどいた。日本でいえば、田舎の雑木林だったから、珍品がいたわけではない。やや正確にいうと、六属十数種のクチブトゾウムシが同じ山で、二日間、午前中の二時間ほど、木の葉を叩くだけで採れた。

そのあと翌年の三月には、ラオスに行った。滞在期間も採集時間もラオスのほうが長かったのに、クチブトゾウムシについては種類も個体数も、九月のコンケーンに及ばなかった。ゾウムシを採るなら、雨期のほうが効率がいい。とりあえず勝手にそう結論した。

ということで二〇〇七年の夏は八月の十七日からラオス、二十二日から二十六日までタイという欲張った予定を立てた。現地の案内は今回も若原君に頼んだ。

彼にはあらかじめ、普通種を採りたいといっておいた。ヘソ曲がりのようだが、ゾウムシはよくわかっていないグループである。こういうものについては、その土地にどういうゾウムシがふつうにいるか、それをまず知らなければ話にならない。ひと口にゾウムシといっても種類が多い。しかも生息場所がいろいろである。いくら普通種とはいえ、短期の旅行でその地域のゾウムシ全体を調べることは到底できない。だから、クチブトゾウムシ類に対象を絞ることにした。

ラオスにはそれまでも二度、採集に行っていた。クチブトゾウムシも採ってきてはいたものの、どこにどういたのか、詳しい状況を意識して見ていない。これまでの体験で、シイ・カシ類にかなりいることはわかった。コンケーンではフタバガキ類でたくさん採れた。それなら今度も採れるだろう。時期も合わせたし。

予定通り、八月十七日にラオスに着いた。若原君の計画は、ビエンチャンからメコン河沿いに、ひたすら国道を南下する、というもの。途中、国道の脇の林に入って採集する。

十八日はターケークという街まで移動した。途中七回、車を降りて林に入り、採集した。クチブトゾウムシはボチボチいるが、まとまった数は採れない。コンケーンにはとうてい及ばない。

コンケーンで採集したのは畑の周りの林で、まさに里山だった。ラオスだって自然条件は似たようなもの。クチブトがいないはずはない。それなのに、どうも数が少ない。

翌十九日、車の中であれこれしゃべっているうち、若原君がいう。「クチブトがいるのは砂地じゃないんですか」。そのとたん、ハッとした。コンケーンは砂岩地帯だった。ヒゲボソ、クチブトの仲間は幼虫が地面に潜る。だから当然、土質が大切だろうと考えていたが、いわれてみてはっきり意識した。熱帯はラテライト、つまり濡れると粘土状、乾くとカチカチになる赤土が多い。カチカチの土では幼虫が土中に潜れず暮らしにくいはずである。砂ならそれはない。

さあ、砂地を探せ。そう思って、小川のほとりで、地面が砂地の森に入った。なんと、たちまちクチブトが何種類か採れるではないか。昨日までは上ばかり見て、樹がよく茂っていそうなところばかりを探していた。今日からは、下を向いて砂地探しである。樹木はコンケーンではラワン、つまりフタバガキ類の木だった。ラオスの砂地でその木を探すと、やはりクチブトがいる。たくさんいるではないか。

次の日はパクセーの街から、ボロベン高原へ。若原君が車中からアベマキの小さな林を見つけた。さっそく車を降りてアベマキを叩いてみると、いるわ、いるわ。小さなクチブトゾウムシがたくさん落ちてくる。三月に中部ラオスで、はるかに立派なアベマキの林を探したときには、一頭も採れなかった。これが虫の困ったところである。いるのか、いないのか、はっきりしろ。そういいたくなる。もっとも地面が赤土だったかどうか、記憶していない。当時はそういうところにまるで関心がなかったから、見ていなかったのである。

翌二十一日は、パクセーからビエンチャンに、午前中の飛行機で戻った。ビエンチャンの北三十キロほどの村に行こうと、若原君がいう。そこは砂地だという。行ってみると確かに砂地だった。でも、虫がいない。フタバガキもあるが、なにもついていない。そもそも虫がほとんどいないのである。

これだから虫は困る。せっかく砂地にいるはずだと決めたのに、その砂地にいない。でも頑張って、虫を探しながら歩くと、道はそのまま小さな丘を上っていく。丘の上にお寺がある。寺の前にマメ科の大木があり、花が咲いている。「マメの花には何もいませんよ」。それが若原君の口癖である。でも、せっかく来たのに、なにも採れないのはシャクだから、試しに葉を叩いてみた。なんと、いましたよ、クチブトゾウムシが。花に来たわけではない。葉を食べるのであろう。同じ木に間違いなく二種類はついている。

なぜ、お寺なのか。べつにお寺は関係ない。じつはこのお寺は岩の上に建っている。岩山なのだ。それが問題だった。コンケーンも岩山だった。つまり砂地の岩山にクチブトが棲むのである。ただの砂地ではダメ。

クチブトゾウムシというのは、いるところにはたくさんいるが、いないところにはまったくいないという虫である。ここまでやってみて、その理由がややわかったような気がした。虫に種類がたくさんあるのは、クチブトのように、環境へのこだわりが強いからであろう。さまざまな異なった環境に、それぞれそこに適応した虫が棲む。言葉でいってしまえば、簡単で当たり前だが、具体的に特定の虫を探すとなると、たいへんである。クチブトゾウムシの場合には、ようやく「砂地に岩山」までたどり着いた。

行ってみなけりゃわからない

はじめに考えていた、季節も植生も、重要な条件からは外れてしまった。もちろん両者ともに必要だが、十分ではない。タイでの採集が楽しみになった。「砂地に岩山」がふたたび成り立つかどうか。

八月二十二日にビエンチャンからバンコクに到着。翌二十三日はチェンマイの貯水池へ行く。周囲の林はチークの植林だが、一部に里山風の林は残っている。地面はありがたいことに砂地。しかし、クチブトゾウムシはほとんど採れない。午後は貯水池の周りを回って、チークの人工林を歩く。虫はいない。日本の杉林と思えばいい。明るいから杉林よりマシだが、虫が少ないことに変わりはない。ダメな場所を確認するのも、虫採りのうちである。

翌日は峠を越えて、チェンライ方向へ行く。昼食後にドイサケットへ行った。ここの地面は典型的な赤土である。ただし、若木は多く、林の中は明るい。このあたりではよくある環境である。でも、クチブトゾウムシの採集には向かない。かなり長時間、頑張ってみたが、ほとんど採れない。むろん他の虫もあまりいない。

タイでの採集の結論は、やはりラオスで考えたものと変わらなかった。「砂地に岩山」でいいのである。当分はこれで行こう。

帰国してから、若原君から連絡があった。私が帰ったあとで採集したゾウムシを人づてに届けてくれた。その結論も同じだった。

たかが虫一つでも、どういうところにいるのか、それを自分の目で確認するには時間がかかる。その作業が大変かというなら、まったく逆である。楽しくて仕方がない。

ああではないか、こうではないか、あれこれ考えながら、あちこちを巡って採集をする。これが私の場合には、昆虫採集の醍醐味である。

自分の考えなんて、たいしたものじゃない。虫を採っていれば、それもよくわかる。そうかといって、考えなければ、万事はわけがわからないままである。あれこれ続けているうちに、わずかずつとはいえ、ものがわかってくる。五里霧中、西も東もわからない状態から、少しずつだが方向感覚がついてくる。

その面白さ、つまり自分の理解が多少でも進んでいく楽しさを知ると、もうやめられない。一生の間、中毒になってしまう。学問というと高級そうに聞こえるかもしれないが、それだけのこと。ただその面白みがわかるまで、辛抱する根気がない。そういう人が多いだけではないだろうか。

二〇〇八年春、シェンクワンへ

二〇〇八年春にも二週間、総勢七人というやや大人数でラオスに行った。東京農大の小島弘昭君と関東準之助君、それに私がゾウムシ屋、それから新里達也君と伊藤弥寿彦君にいつもの池田君がカミキリムシ。それぞれ二つの専門に特化している。残る一人の柳瀬雅史君は、とくに虫屋というわけではないが、自然番組をいくつも手掛けているナチュラリストである。案内役はいつもの若原君。

今回の採集地は、中部のシェンクワン県にあるプーサムスーン。ラオス語で「プー」は山、「サムスーン」は三つの峰なので、三峰山ということになる。

プーサムスーンまでの道中もなかなか良かった。まず、ビエンチャンから飛行機でシェンクワン県ポーンサワンに行く。ビエンチャンから三十五分。ひとまず宿をとったポーンサワンのホテルは立派で、コテージ風。予約したタイプの部屋がいっぱいということで、私と池田君には要人用の部屋があてがわれた。応接間つきの立派な部屋。池田君は、こんな立派な部屋には初めて泊まった、とニヤニヤしていう。

ホテルの裏は急斜面の草地で、その先に川があり、流域が田んぼになっている。ゾウムシ屋の小島君と関東君が網を持って、早速飛び出していく。カミキリ屋は動かない。あんなところにカミキリなんかいないという。そもそも木がほとんど生えていない。

上からしばらく観察していると、小島君たちの動きが、明らかに虫が採れているときの動きである。まもなく下から「たくさんいますよぉー」という小島君の声がする。私も道具を持って、斜面を下っていった。たしかにクチブトゾウムシが何種か、小さな灌木や草についている。いるもんですなあ。プロのすることは見習うべく、いうことは聞くべきである。とまあ、このときはそう思った。

ホタルが採れたり、クリタマムシの親戚が採れたり、この草原には結構いろいろ虫がいる。なんということもない斜面だけど。

そのうち池田君と新里君も下りてきて、トンボを採ったりしている。池田君によると、チョウを採るより、トンボを採るほうが、採ること自体は面白いんだって。わからん。採ったトンボを整理しながら、ロクなトンボはいないと池田君がブツブツいっている。

ラオス、タンゴンの昆虫市場

カメムシの素揚げは定番

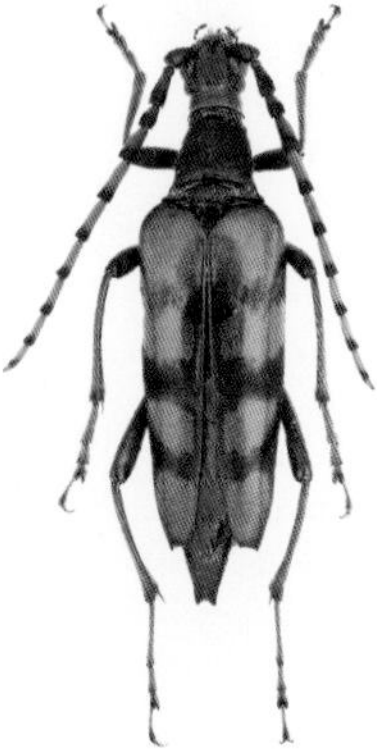

ラオスのオニヨツスジハナカミキリ（左）と日本のオオヨツスジハナカミキリ（右）

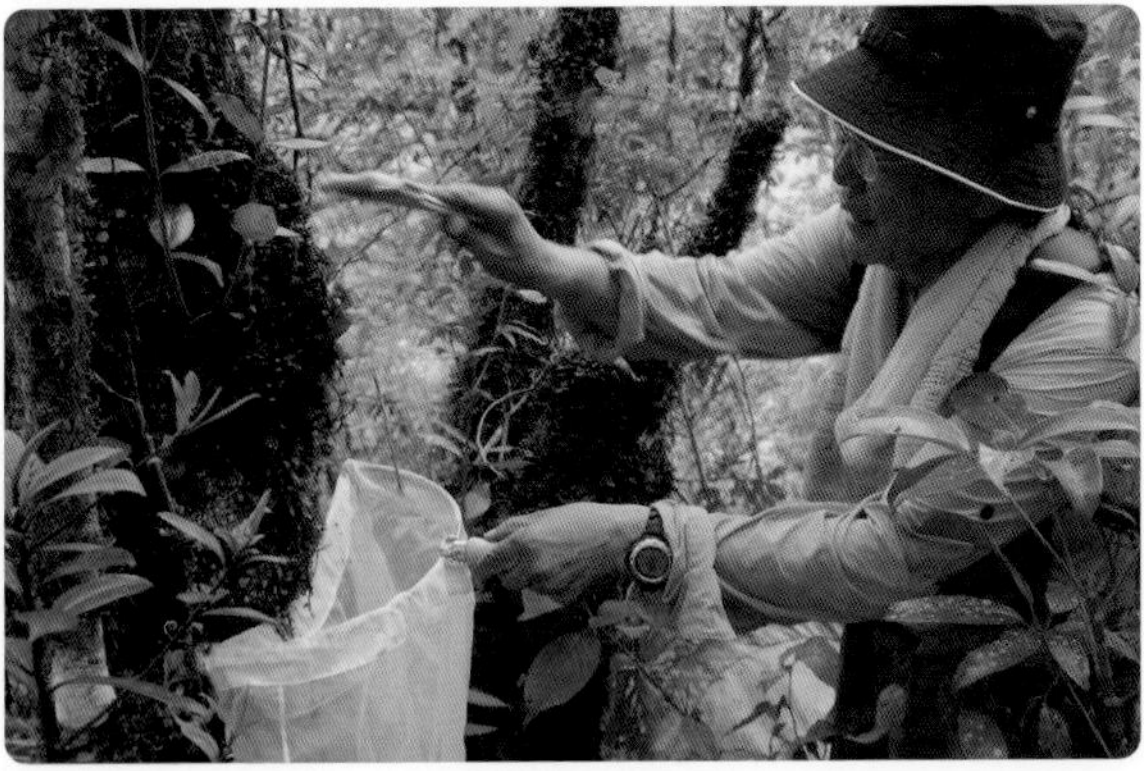

刷毛を使って虫採り

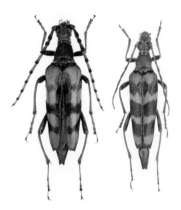

昼食はトラックの荷台で市場のおそうざい

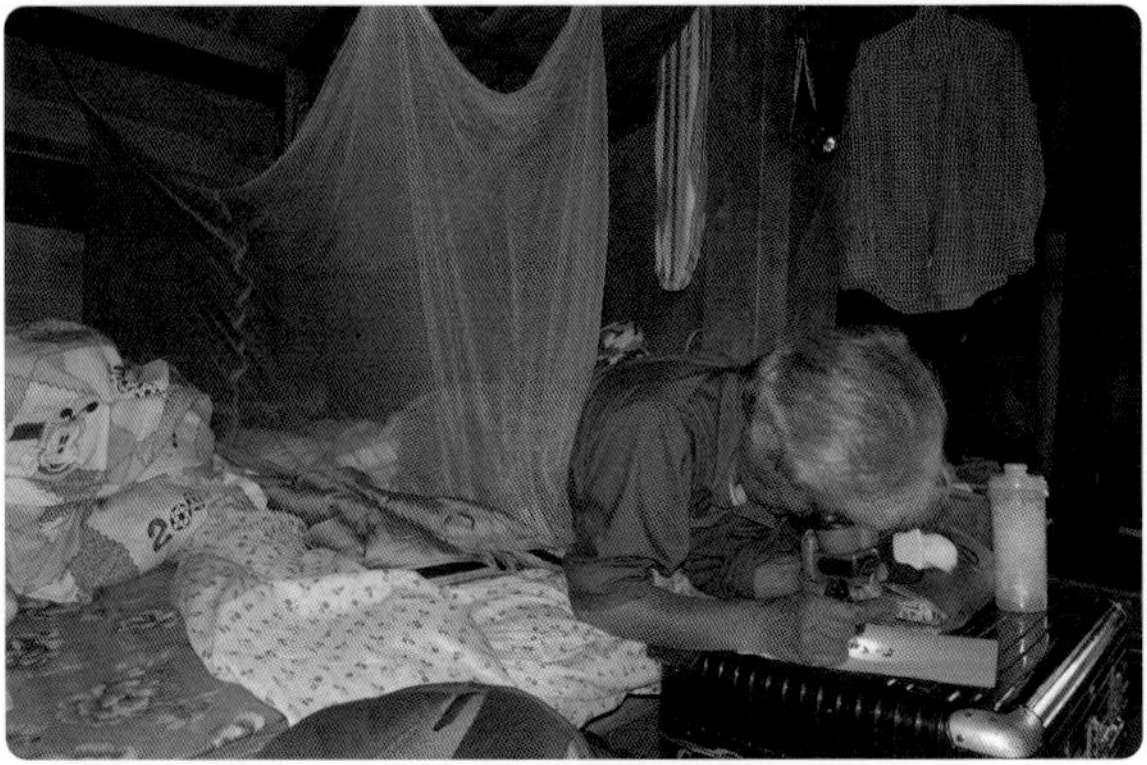

合宿所ではもちろん夜は雑魚寝

ラオスの蝶（超）人、若原君は身体能力バツグン

ある日、若原君が探してきた乗り物。ガタガタ揺れるうえに自転車よりノロい

ムアン村。人と犬がなんとなく共存しているんです

ある日の収穫

ジャングルグリーンの布に止まったテングアゲハ

大勢で接近してもチョウはお構いなし

蛍光灯破損事件

上に戻ってくると、小島君と関東君が私の部屋の裏に白布を張りはじめた。夜に備えて灯火で虫を集めようという算段である。ところが、若原君が水銀灯を持ってきていないという。これから行く山の麓の村に置いてあるらしい。

夕食を町で済ませてホテルに戻り、白布を見に行く。白布が電柱の明かりを反射するので、少しは虫を集める効果があるに違いないと期待していたのだが、小さなコガネムシくらいしか来ていない。小島君は水棲のゾウムシが採りたいのである。「そんなゾウムシ、いるの」と池田君が訊いている。「たくさんいますよ」と、小島君が答える。

白布のそばに蛍光灯をつけた柱が立っている。小島君がそれに目をつけた。蛍光灯のカバーの下に、おびただしいゴミが溜まっている。ほとんど全部、虫に違いない。

「あの中に絶対ゾウムシがいますよ」と、小島君。

そのとき、ふと地面に目をやると、どういうわけか、重たいがっしりした竹の梯子が柱の下に転がっている。小島君がそれを蛍光灯の柱に立てかけようとする。カバーの下に溜まった虫を採ろうという魂胆のようである。まわりも手伝って、梯子が柱にかかった。「梯子の角度は七十五度にしてください」と、さすが専門家はいうことが細かい。

梯子が無事に立ち上がって、どうやら上れそうになったら、小島君がまたいう。「いちばん体重が軽い人」。身軽といえば文句なしに若原君である。

若原君が仕方なく梯子を上って、カバーを外そうとするが、なかなか外れない。「もっと外側の上のほうにロックがあるはずですよ」と、下から小島君。石原君がしだいに横へ体重を寄せる。蛍光灯を支える横棒がグニャリと折れ曲がる。梯子が柱から外れる。危ない！

地面に倒れる寸前、身軽な若原君はひらりと飛び下りた。まるで軽業師。支えの横棒が折れ曲がった蛍光灯は、斜めになったまま停止した。

そのとき、「あっ、クチブトが歩いている」と、小島君。曲がった蛍光灯を下からじっとのぞき込んでいる。「若原さん、大丈夫ですか」の一言もない。とにかくゾウムシのことしか、頭にない。

この一部始終を、伊藤君はホームビデオに収めていた。蛍光灯を壊した犯人の動かぬというか、動く証拠である。

この人たちのやることといったら、要するに子どもというか、なんというか。小島君の頭のなかにゾウムシしかないのは確かである。上るといえば、あっという間に梯子に上りだす若原君も若原君である。ビデオを回した伊藤君は今回の採集旅行の記録係を兼ねていたから、まあやむを得まい。それにしても、あそこになぜ、梯子があったのだ。地面の上に用もなく、ただ梯子が置いてあるなんて、こういう連中をそそのかしているようなものである。変な集団だとは思ってはいたが、先が思いやられる。

しかし、私はこの集団の最高齢者だから、ひとまず若い人の行動を抑えなければいけない立場にある。その私がじつは梯子を支えていた一人なのだから、言い訳できない。

テングアゲハの聖地

翌日、プーサムスーン麓のムアン村に着いた。

プーサムスーン一帯はわれわれが行く数年前まで、おそらく外国人がまったく足を踏み入れたことのない地域だった。若原君が数年がかりで交渉して、やっと昆虫調査をさせてもらえることになったのだという。コネも金もだいぶ使ったそうだ。こんな田舎の村では、外国人を呼び入れたからといって何の利益があるわけでもない。むしろ、金や物資目当てに村人たちが色めき立つから、悪い影響のほうが多い。若原君は村人の写真をこまめに撮影しては、次回訪れるときにプリントして渡す。カメラもなければ電気も来ていない村では、家族の写真がとても喜ばれる。そうやって仲良くなり、少しずつ信頼関係を築いていく。地道な努力である。私たちはそこへひょっこりと外国からやってきてお邪魔する。いいとこ取りの贅沢な虫採りである。

プーサムスーンは三つの大きな峰からなる非常に大きな山塊である。宿泊の拠点にした麓のムアン村からトラックに揺られて小一時間、もっとも手前に位置する峰がプートンモン。トンモンはラオス語で桑の木。プーは山だから、覚えやすいように桑の木山と呼ぶことにする。

この桑の木山は、テングアゲハが世界でもっとも簡単に見られる場所だそうである。若原君はチョウ屋だから、餅は餅屋でチョウのことはやたらと詳しい。その彼が力強く勧めるのだから、たいへんな山であるに違いない。われわれは甲虫を採りにきているので、テングアゲハは本来の目的ではない。しかし、行きがけの駄賃に一目見ていくことにして、滑りやすい急斜面を頂上まで登った。

テングアゲハはとても有名なチョウである。羽の模様は緑と黄色のパッチワークのようで、東洋人好みのシックな色調をもつ。テングの名前の由来は、頭の先が前方に突き出しているため。近縁のオウゴンテングアゲハとわずか二種でテングアゲハ属を構成している。

分布は中国西南部からヒマラヤにかけての決して狭い地域ではないが、どこの産地でも珍しく、たとえチョウ屋といえどもやすやすとお目にかかれる代物ではない。一度は見たい、網に入れたい憧れのチョウらしい。しかも、ワシントン条約Ⅱ類に指定されていて、日本を含む条約締約国に持ち込むにはいちいち許可が必要になる。いわばご禁制のチョウである。

このテングアゲハがとくに日本で名高く知られているのは、その幼虫期の解明に五十嵐邁《すぐる》さんという研究者の積年の執念と努力があったからである。五十嵐さんは、大手建設会社に勤務するかたわら、世界のアゲハチョウやアジア産チョウ類の生活史解明に生涯を捧げた。彼は一九八六年五月から八月にかけて、インド北東部ダージリンのタイガー・ヒルに滞在して、このチョウの幼虫を飼育して成虫を羽化させた。そこに至るまで二十四年を要した。まさに気の遠くなるような歳月である。

タイガー・ヒルは今となってはまったくの観光地で、眺望が非常に良い。数年前にダージリンに行った折に、四時半に起きてご来光を拝みに出かけてみた。五十嵐さんが亡くなった直後のことだから、故人を偲んでという気持ちもあった。

タイガー・ヒルのピークは標高が二千五百九十メートルもあり、早朝の時間帯は寒いったらない。私は普段あまりカメラを持たない質《たち》だが、なぜかこの旅行には新品のデジカメを持参していた。到着してご来光を写そうとしたところ、寒さに手がかじかんでカメラを岩の上に落としてしまった。旅行の初日だったのに、液晶画面が割れ、使えなくなった。もしかしたらあれは、天国の五十嵐さんからのご挨拶だったのかもしれない。

五十嵐さんは、チョウの世界的な研究者であるばかりか、小説も何本か出版されていた。また、絵が非常にうまくて、テングアゲハをはじめ、多くのチョウの幼生期の細密画をご自身で描かれていた。多才な人だった。亡くなられる前の年に、昔からの虫屋仲間と一緒にご自宅を訪問したのが最後となってしまった。

チョウを呼ぶ色

ラオスの桑の木山に話を戻そう。

テングアゲハが飛来するのはその山頂に拡がる草地である。晴天の午前中の比較的早い時間帯に限られ、十一時を過ぎると見ることができない。雲が出てくると飛来しない。条件が結構うるさいのである。

日差しの照りつける山頂に立ち、若原君の指さす上空を見上げると、とんでもないスピードで滑空しているアゲハチョウがいる。最初はあまりの速さに目で追えなかった。それも一頭ではない。多いときには二、三頭がいっぺんに視界に入る。しかし、あんな上空にいては、為す術がない。ましてこのときは伊藤君がビデオカメラに収めようとしていた。

そこで若原君が、鮮やかな緑色の薄布を取り出してきた。ジャングルグリーンという色だという。その薄布を山頂に点在する灌木の上に拡げる。上空を飛んでいるテングアゲハはこの色に惹かれてやってくるらしい。

まったく手品のような話であるが、じつは虫屋の世界では知る人ぞ知る小技である。日本のギフチョウは青系の色を好むし、東南アジアに多いキシタアゲハの仲間は赤色に強く反応する。その習性を利用して、緑や赤の虫採り網を用意して採集に行くと、面白いように採れることがある。もっとも、近くまで寄ってはくるものの、チョウは人の姿や虫採り網を意識した瞬間、方向を変えて逃げていく。しかし、テングアゲハの場合は、このジャングルグリーンの薄布にピタリと止まるのだという。

そのような講釈を聞いているうちに、上空を飛んでいたテングアゲハが本当に薄布に止まった。じつはあまりの速さに気づいたときにはすでに布の上にいた。その後、幾度か観察していると、上空を滑空しているこのチョウは、ある瞬間に体勢をひるがえし、一直線にシュッと薄布に急降下するのである。そのあまりの潔さに、降下というより落下といったほうがふさわしい。

そして、いったん布に止まると、今度はまったく動こうとしない。カメラが近づこうが人影が迫ろうが、すべてお構いなし。最初は慎重に構えていたビデオカメラも、結局、チョウの手前五十センチのところまでレンズを伸ばした。コンパクトデジカメでも十分良い絵が振れたらしい。

十時を過ぎてテングアゲハの飛来が多くなった頃合いを見計らい、若原君が自分の肩に薄布を掛けて誘ってみた。すると、そこにもこのチョウは止まる。彼の息のかかるほどの位置である。そうこうするうちに、しまいには若原君が手を伸ばしてチョウをつかんだ。さすがにこのときは驚いてもがいたが、そこまでしなければ気づかないのである。手を離すとチョウは勢いよく上空に飛んで行った。一度驚かせた個体は、同じ日には二度と現れないという。

なぜ、テングアゲハはジャングルグリーンに引き寄せられるのか。午前中に上空を滑空するのはすべてオスである。この時間帯のメスは森林の梢《こずえ》で休息していることが多い。上空から森林を見下ろすと緑一面であるが、梢が一段低く窪んだ部分はやや暗い。すなわちジャングルグリーンの色である。梢で休息するメスはただ無作為に梢に止まるのではなく、そのような窪みを好むのではないかと思われる。だから、森林の梢の窪みは、オスがメスを待ち伏せするポイントになる。

このときも山頂のあちこちに、色調の違う緑の薄布をいくつか置いてみた。深緑や黄緑なども試したが、テングアゲハが圧倒的に多く止まるのは、やはりジャングルグリーンである。この山頂には樹木はまったく生えておらず、上空から見ると地表の茶色と草の薄緑色のモザイク模様に見えるのであろう。そこにジャングルグリーンを置くと、テングアゲハのオスは、メスの好む梢の窪みだと騙されてしまうのだ。

とはいえ、私の興味はテングアゲハではない。チョウの蒐集家が目の色を変えるような珍品も、ひねくれ者には緑の雑巾くらいにしか思えないのである。それにしても、この桑の木山のてっぺんはゾウムシがあまりにも少ない。撮影隊には大きな収穫があったようだが、私はこんなところで道草を食っている暇はない。

ラオスヒノキ方式

ラオスの山で虫採りをしていると、たまに変わった大木を見かけることがある。ラオスヒノキという特異な針葉樹である。近縁なものがほかになく、一種のみでフォッキニアという一つの属を成す。インドシナから西南中国に分布するが、数はたいへん少ない。ラオスでも原生林の中にぽつりぽつりとそびえている。いや、そびえていたという過去形のほうが正しい。この十年余り、そうした大木はことごとく伐採されてしまった。

ラオスヒノキの大木は地上二十メートル近くまで下枝がない。製材すると、節目のない長く美しい一枚板が取れるので、高値で取り引きされる。買いつけに走るのは、もっぱら日本の商社である。

少し前までは、ブランド価値の高いタイワンヒノキの名を借りて売られていた。そう偽ってもわからないほど良い材質であるということだ。しかし、タイワンヒノキの天然木は現在、本場の台湾で伐採も輸出も禁じられているので、実際は市場に出るはずがない。だから最近では、ラオスヒノキの実名で取り引きされるようになった。その産地はラオスかベトナムがほとんどで、いずれもアンナン山脈周辺から切り出されている。

じつは、私たちの虫採りとラオスヒノキの縁はきわめて深い。ラオスの山に隅々まで精通している若原君は、どこにラオスヒノキがあるのかよく知っている。材木企業はその情報を彼に尋ねに来るのである。もっとも木が切られてしまうだけなら、教える筋合いはない。

材木企業は、ラオスヒノキの大木を切り出すために、道を開かなければならない。大木の丸太を運び出すトラックを山に入れるためである。舗装もなにもない簡素な林道であってもかなりのコストがかかる。そこまでしても十分に元がとれるほど、ラオスヒノキは高く売れる。

まず、ヒノキが生えている標高二千メートル近くの尾根筋まで道を延ばす。そこから、ヒノキがかたまって生えている所に向けて、ぐねぐねと迂回しながら枝道を延ばしていく。そうやって二、三年、伐採すると、売り物になるような大きなヒノキはほとんど切り尽くしてしまう。材木企業の仕事はそこで終わる。

山には車が入れる林道と、作業に使っていた飯場小屋が残る。まさに虫採りのためのインフラが整備されている。さらに、材木企業がその土地に住む少数民族との間に築いた信頼関係も引き継ぐことができる。伐採作業の間は、材木企業が彼らを働き手として雇用することが多いので、土地の人々とも自ずと親密になっている。企業が引き上げる際に、若原君は集落の代表者を紹介され、山の立ち入り許可や、家屋の借りあげなど何かと便宜を受けることができるのだ。材木企業にとっても虫採りは利害の外であるから、こうした持ちつ持たれつの関係ができあがってきた。

プーサムスーンで虫採りが始まったのも、およそこうした経緯である。

原生林は虫が少ない

二〇〇八年のプーサムスーンは虫が少なかった。とくにゾウムシが極端に少ない。まったくいないわけではないが、一週間以上採集して、クチブトゾウムシの仲間が三種しか採れなかった。種数だけでいえば、ビエンチャンの周りの二次林のほうがまだマシ。しかし、これはよく考えてみれば当然のことである。

プーサムスーンは材木企業が去った直後で、まだかなり原生林に近い状態であった。ヒノキだけを切り出したので、森自体はほぼ手付かずのまま残っている。虫採りをしない人には意外かもしれないが、じつは原生林ではあまり虫が採れない。

理由はいくつかあるが、まず、木が大きすぎる。クチブトゾウムシには植物の新芽を食べに集まる種類が多く、その新芽ははるか四、五十メートル上の梢にあるので、虫屋には手も足も出ない。落雷などでたまにギャップ（森林の空間）ができると、そこには日が差し込むので、虫がたくさん採れる。とはいえ、そんな場所は滅多にあるものではない。

ヒノキの伐採後、周囲の樹木の若葉が伸びたところは、このギャップと似た条件になるので、そこで叩き網をやった。叩き網は、読んで字のごとく、枝葉を棒でひっぱたいて、落ちてきた虫を網で受けるという採集法である。少し開けているから採れそうなものだけれど、叩けども叩けども目的のゾウムシはなかなか落ちてこない。原生林では梢以外にゾウムシの発生する場所がほとんどないから、そもそものゾウムシの数がたぶん少ないのだろう。しかも、あちこちに分散しているから、たまに開けた環境ができてもそう多くは集まってこない。虫採りにはあまり具合がよくないのである。

それから、原生林では花があまり咲かない。多くの木は毎年必ず花を付けるわけではない。昨年は花が咲いていたシイの木に、今年も同じ時期に来てみると咲いていない。そんなことがよくある。最初は、年によって花の季節が微妙にずれるのかと考えた。しかし、花芽もなければ、花が散った形跡もない。

日本にいれば、木は毎年花を付けるのが当たり前のことだと思ってしまう。春になっても、いつもの桜の木が花を付けなかったら、異常な事態と考えてしまうだろう。しかし、われわれが常識と思っていることは、所詮は人の経験値からきている。花を付ける植物側の事情を勘案することはあまりない。

木が花を付けて実を結ぶのは繁殖のためである。しかし、繁殖の必要がない、あるいはそれが難しい場合は、花を付ける理由がないではないか。

そう考えたら思い当たることがあった。原生林で花が咲いているのは、森の縁にある木か、森の中に頭一つ飛び出した大きな木である。いずれも日がよく差し込むし、その風も当たる。花粉や種子を運んでくれる虫や鳥が訪れるにはよい条件であるが、その反面、温度や湿度の変化も大きい。そうした環境変化は植物にとって少なからずストレスになるに違いない。

プーサムスーンの原生林でも、シイやカシの花は森の縁に当たる道脇にわずかに咲いていた。伐採などの人の手による環境変化は、原生林の中で稀に起きるギャップの形成と同じ効果がある。植物側にしてみると、森林の損傷は種族存続の危機であるに違いない。そのため、木々はすすんで花を付けて実を結ぶのだろう。

皆でプーサムスーンをくまなく歩き回った挙句、花の付いた木は五本しか見つからなかった。まともに虫が採れたのは、そのなかのたったの一本だけ。やはり原生林では虫があまり採れない。

いっぽう、集落近くには人の手が入ったまだ若いカシの林があって、そこでは多くの木が花を付けていた。でも、肝心の虫のほうはほとんど採れなかった。そこは伐採してから時間がそれほど経過しておらず、植物の種類が少なかった。多くの虫が発生するところまでには森の環境が回復していない。原生林とは反対に人為的な影響が強すぎても、虫採りにはよくないのである。

虫採りをしていて、虫の数が多いとうれしくなり、少ないと不平がつい口をつくが、これは虫屋のわがままである。ある種類の虫が目立って多いというのは、自然環境としては何か非日常的な事件が起きていると考えたほうが正しい。その原因のほとんどは私たち人間の仕業である。

だいたい人の住める環境とは、手付かずの場所ではない。暗い原生林は私たちには住み心地が悪い。日本の縄文遺跡は東日本に偏っており、西日本では海岸線近くを除けば極端に少ない。それは、かつて西日本にシイやカシの優占する照葉樹林が多かったことが一因とされる。東日本のほうは当時でも林床が明るい落葉樹林が多く、西に比べればはるかに住み心地がよかったのだ。

弥生時代になって農耕が始まると、西日本でも人口が増え始める。それは照葉樹林を切り開いて、明るい落葉樹林に変えていったからである。現在の瀬戸内海地域は、マツとナラガシワの乾燥した林ばかりだけれど、それは伐採をした後に成立した二次林である。この地方には自然林がほとんど残っていなくて、私が知っているのは広島県の宇品《うじな》のみ。そこはシイやタブノキの大木が茂る照葉樹林である。

切り開かれた二次林はその後、薪炭林として利用され続けることによって、維持されてきた。ところが最近では、その二次林さえも利用しなくなった。過去の半世紀で、農林業の就労人口が五分の一まで減った。都市化が進めば、自然とは縁の切れた生活になる。先祖が代々守ってきた里山環境も失われていく。人が百年単位で利用し維持してきた里山は、いまさら人が手入れをやめても、かつての自然にすぐに戻ることはない。当分はただの荒地となってしまう。

ラオスの山の集落も、その周辺には人が利用するアベマキの二次林が維持されている。まさに日本でいう里山と同じ環境がある。かつての日本の里山がそうであったように、虫も採りやすい。ただし、周辺の自然林が失われてまったくの二次林だけになると、虫の顔ぶれは急に単調になってしまう。いまは大丈夫だが、ラオスの田舎に今後、都市化の波が押し寄せると心配である。

シダにつくクチブトゾウムシ

私がいま調べているクチブトゾウムシの仲間に、黒褐色の地肌に小さな白—茶色の紋をもつグループがいる。ラオスの北部・中部・南部にいる集団のオスの交尾器を調べると、形がかなり異なっていて、それぞれが別の種に分化している。いずれもまだ名無し、要するに新種である。

この仲間は台湾にも同じグループがいて、戦前に河野広道さんがMyllocerus setosusという名前を付けて発表した。セトーススというのは毛のあるという意味で、この種の上翅には剛毛が密に生えている。この台湾の種とラオス中部の種が非常によく似ている。

シェンクワン県のあたりでは中部のタイプと北部のタイプの分布が接していて、北部と中部の境のプーヤンまで行くと北部タイプがいる。しかし、プーヤンを出てから、ポーンサワンにかけては両者が一緒に採れる。どうも混生しているようである。

さらに困るのは、プーヤンには黒褐色の地色に四つの白紋が出る種がいて、見かけは中部の種とまったく違うのだけれど、オスの交尾器を調べてみると両者で区別がつかない。ふつうこのような場合は、同種で斑紋のタイプが二通りあると考えられるが、ほかの産地ではこのような白紋をもつタイプは現れないから、そのように簡単に割りきることができない。まだわからないことが多くて、しばらくはラオス通いを続けなくてはならない。

二〇〇八年五月のシェンクワン県、モン族の村に行く途中の湿原で、道端にあったシダの塊を小島君が叩き始めた。クチブトゾウムシが採れるという。ポーンサワンのホテル裏の斜面と同じである。でも、まさかシダとはネ。そう思ったが、実際に採れるのである。数日後に、ムアン村の手前にある湿原に行った。そこでもシダの塊を叩くと、クチブトの仲間が何種か落ちてきた。

小島君のおかげで、ふつうの樹木の枝葉だけではなく、草本につく種類がクチブトにはいくつもあるということを知った。専門家について歩いたおかげで、新しいことを学ぶことができる。自分だけでやっていたら、草原のシダの塊なんか、見向きもしないに違いない。これまでクチブトは草にはつかないと、どこかで思い込んでいたのである。

むろん考えてみれば、日本のヒゲボソゾウムシだって、イタドリなどについていることが多い。関東平野の渡良瀬遊水地にいるハバヒロヒゲボソゾウムシなら、ヨモギについている。どうやら食べられそうな葉であれば、なんでもいいのである。湿原は木が少ないから、虫も仕方がなく草を食べているのだろうか。

シダについているのも、はじめは偶然だと思った。上から落ちてきたものかもしれないし、あるいはたまたま飛んできて、そこに止まった個体かもしれない。でも、何度も叩いていつもクチブトが見つかるなら、これらのゾウムシがシダを食べていることは間違いない。自然を相手にするときに、邪魔になるのは自分の勝手な思い込みである。

思い込みが壊れるのも発見の一つである。発見とはじつは、常に自分に対する発見なのである。思い込みとは、要するに「自分の考え」だからである。思い込みが壊れるとは、自分の考えが変わることである。自分の考えが変わるということは、自分が変わる、それまでとは違う自分になる、ということである。極端な場合はそこで「生まれ変わる」。

思い込みが壊れる経験を何度もしていると、歳をとらない。そのつど「生まれ変わる」のだから、当然であろう。私はそう思う。老人になると頑固になるのは、思い込みがひたすら強くなるからである。そんな思い込みは、自分で壊してしまえばいいのである。

樹木にいるクチブトと、シダにいるクチブトは、同じ種だろうか。次はそれが気になってくる。同じものもあるだろうし、草に特有のものもあるかもしれない。またまた調べるテーマが増えてしまった。

瞬間移動する蝶人

私がラオスに足しげく通うもう一つの理由として、若原君の存在がある。昆虫採集の案内役として頼りになるのはもちろんだが、何より彼という生き物が面白い。その驚異的な身体能力に敬意を表して、私は彼を「ラオスの蝶（超）人」と呼んでいる。

私が初めて若原君の身体能力に驚いたのは、ラオスに通い始めて早々、確か二十メートルくらいの深さのあるV字谷に架けてあった丸木橋を前にしたときだった。こちらはおっかなくて、ただ歩くだけで精一杯。なのに、彼はその丸木橋を渡っている最中、チョウが近くに飛んできたのに気づくや、橋の上で網を振った。

網はいったんチョウをかすめたもののきわどいところで逃がしてしまった。しかし、間髪いれずにツバメ返しに網をひるがえし、今度は見事にネットイン。丸木橋の上ですよ。こちらは見ているだけで冷や汗もので、頼むからそういうことは止めてくれと思った。

テングアゲハの飛んできた桑の木山の斜面にしても、ふつうの人は上り下りに苦労する。傾斜が四十五度くらいはあるし、雨に濡れた赤土が滑ってしょうがない。小島君のような若い連中にしても、斜面を下るときはどうしてもソロリソロリとなる。ところが、若原君ときたら、トットットットッという平地を歩くのと同じテンポで下りてくる。速いのなんの。

一番驚いたのが、プーサムスーンでのこと。前を若原君が歩いていて、私がその後ろにいた。T字路に差し掛かって、彼が右手に折れたから私もその後をついていくことにした。若原君は足が速いから、私が曲がったときにはすでにその姿は見えない。それでも追いつこうと、三十分くらいは採集しながら同じ道を歩いていった。

そのうち引き返してくるだろうとたかをくくっていたが、いっこうに姿が現れない。それで、仕方なくもと来た道を引き返した。しばらく歩いていくと、若原君が前のほうから歩いてきた。そんなことってあるかよ。私の先を歩いていたはずの人間が、後ろからやってくるなんて。こういうのを瞬間移動というのだろうかと、このときは思った。

私たちは道づたいに歩きながら虫を採るが、彼は森の中を移動しながら同じことをやる。目の前を歩いているかと思うと右手の藪の中に飛び込む。しばらくすると左手の藪から出てくる。野生動物のようなものである。私たちは人が作った道しか動線として想定していない。しかし、山では森自体がすべて移動経路なのである。ちょっと考えてみたら当たり前のことではないか。ただ、こちらには森の中を駆け回る体力も気力もない。

虫屋とラオスに適応

若原君は十年くらい前にタクシーに乗っていたとき、何かの拍子に座席シートに入っていた鉄枠で背中を強く打った。当たりどころが悪かったのか、鈍痛がいっこうに治まらない。そこで、事情を告げて病院でレントゲンを撮影してもらった。レントゲン画像を前に診断を受ける段になる。医師は、軽い剝離骨折だから心配ないといいながら、画像をペン先でなぞるような仕草をした。背骨の何番目が損傷しているのかを診断書に書き込むために、改めて細部を観察していたわけだ。するとやにわに「おーい、ちょっと皆、来い！」と叫んで周辺から人を呼び寄せた。ざわめきが起きて、何事かと若原君が不安になっていると、その医師は画像の一点を指して、「背骨が一つ多い」といったのだという。

背骨、この場合は腰椎に当たるわけだが、その数が多いという異常は珍しい。骨の数の異常は人の場合では頸椎でよく知られている。しかし、こうした数の異常で生じた骨は、たいていは変形していてまともな形を留めていない。それが原因で腰痛などの障害を引き起こすので、生後の早い時期に発覚する。ところが、若原君の場合はまったく正常な形をしているという。つまり、その骨に対応する筋肉系も存在する。彼の優れた身体感覚の秘密は、そこにあるのかもしれない。小学生のときの体力テストでは、背筋《はいきん》がほかの子どもに比べて群を抜いて強かったらしい。

若原君は数十メートルの樹上で、木の枝から枝に飛び移ることができる。ミドリシジミ類はカシ類などの大木の梢に卵を産む種類が多い。だから、彼は若いころからよく木に登ってその卵を採集していた。はじめは一本一本、地上から登っていた。しかし、いったん登った木を地上まで下りてまた別の木に登るには時間がかかる。自然と木から木に飛び移る技術を身に付けた。近い枝ならばちょっとせり出して枝伝いに別の木に移動する。離れている場合は枝先を揺すって距離を縮め、反動をつけて飛び移る。まるでサルですわ。

腰椎の多さといい、それを反映した優れた身体性といい、若原君は虫屋という人種として、またラオスという地域に対して、きわめて適応的である。彼は日本人としては身長がかなり低いほうであるが、ラオスではほぼ標準値である。そして、おしゃべりで押しが強い。本人曰く、「しゃべってないと眠ってしまう」らしい。日本ではどうかわからないが、ラオスでは女性にもてるようだ。まさに種族繁栄のためにも、彼にはラオスが向いている。

しかし、こんな能力は都会で生活していたら役に立たない。東京の公園で木から木に飛び移ったりしたら、たちまち善良な市民の通報を受けて逮捕されてしまう。だからおとなしくしているほかはない。地域や文化に適応的でない能力は、たとえ秀でていても、埋没させられてしまうのである。ひどい話、背骨の異常が発覚した時点で、ただの腰椎異常の変な人で片付けられてしまう。

いてはいけないチョウがいた

私の旅はゾウムシなどの甲虫の採集が中心だから、若原君が専門のチョウのほうではたいした成果が出ないはずである。同じ虫でも甲虫とチョウは採りやすい環境が異なる。チョウがたくさん飛んでいるときはたいてい乾燥気味で、甲虫はあまり採れない。しかし、若原君は、なぜか私と一緒のときにチョウの新種が採れるという。

これは偶然と片づけてしまうには、含蓄に富んだ話である。虫屋は長年の経験則から自分の虫が採りやすい環境を熟知している。山に行くとそのような環境ばかりに自然と目が向く。チョウがたくさんいると甲虫が採れないという先入観があるから、あえて探そうとしない。逆もまたしかりで、チョウ屋にしてみたら、甲虫のたくさん採れる環境はまさに盲点である。だから、新種が発見されるポイントだという説明も成り立つ。

二〇〇八年の八月にラオスを再訪したときがそうだった。この時期、ラオスは雨期の真っ最中で、道がぬかるんで山奥への移動が難しい。　成果にあまり期待していなかったが、たまたま時間がとれたので出かけてみた。

その日は、ポーンサワンから東に車を走らせた。幸い雨は降っていなかった。小雨を除いて、終日降られなかった。ゾウムシが採りやすい一画があって、午前中いっぱい、採集に専念した。

歳のせいか、私がいちばん早くくたびれて、先に車に引き上げ、昼食を待っていた。そこに若原君が興奮して戻ってきた。「ラオスにいてはいけないチョウがいた」という。ベニシジミが採れたというのである。

ベニシジミは北のチョウで、日本では春いちばんに発生する。幼虫はスイバやスカンポのような、水辺に多い植物を食草とする。日本ではふつうのチョウだが、従来知られているこの仲間の分布は、中国では雲南どまり。そこから突然飛んでラオスにいるのだから、新種に違いないという。二十年来このチョウを探していたが、それを初めて見つけたというのである。もともと北のチョウだから、いるとしたら二千メートルを超えるようなもっと標高の高いところかと思っていた、千メートルを少し超えたこんなところで、まさか採れるとは思っていなかった、と。

なるほど興奮するわけ。私の場合なら、東南アジアの熱帯にはいないと思っていたヒゲボソゾウムシが、ラオスのシェンクワンで採れた、ということに匹敵する。そんなことがあっても、私のほかにはじつはだれも興奮しないであろう。似たようなもので、若原君がいうたびに聞くほうはシラーッとしている。大発見の意味がなかなか伝わらない。

若原君がいかに興奮していたかは、そのまま「次の場所に採集に行こう」といったからわかる。弁当を食べるのをすっかり忘れて、脳はベニシジミを追っている。

それから近所を歩き回ってみて、少しわかってきた。この辺りでは、傾斜地に草が生えている。それこそスイスの牧場みたいで、遠目には一見ただの草地である。ところが、そこに実際に入り込んでみると、なんと湿原なのである。しかも、斜面の高いところだというのに、小さな流れが縦横無尽に走っている。

他方、尾根近くには松が生えている。松は乾燥地に生える木だから、てっきり焼畑のあとで、単に木がなくなったから草地になったのだろうと思っていた。こういう誤解をするから、即断は危ない。おそらく人手が入ってできた環境ではない。自然の草地なのである。それにしても、松に湿原とは、妙な組み合わせである。そういう変なところだから、珍チョウが見つかるのか。

とはいえ、食草らしいスイバもスカンポも、とりあえず見当たらない。ベニシジミ発見から数日経ったジャール平原を出る日、若原君は目を皿のようにして、車の窓から景色を見張っていた。峠を越えてしばらく行った村で、「あったあ」と騒いで持ってきたのがスイバ。ブタ小屋の隣にあったという。その辺りから先に、スイバがイヤというほど生えている場所があった。きっとその辺でベニシジミが発生しているのであろう。

次に行ったときには、ベニシジミの発生地がもっと詳しくわかってきていた。食草はじつはイブキトラノオだったという。不思議なもので、いるとわかった虫は、どんどん見つかる。いるのかいないのか、迷っている間は、なかなか見つからない。若原君ですら、二十年以上かかっている。私のヒゲボソゾウムシだって、見つかるかもしれないではないか。その意味では、長生きはするものです。

ヤシの実から出てきたゾウムシ

二〇〇九年に若原君が一時帰国したときに、珍しいゾウムシを持ってきてくれた。似たような違うようなゾウムシだが、大小の二種類がある。

大きいほうは体長一センチ足らず。ゾウムシらしいが、体の形がまるでゾウムシらしくない。ゾウムシ特有の長い吻が頭部から伸びているが、ふつうのゾウムシのように頑丈ではない。折れてしまっているのがある。形は日本にいるオオアザミハムシに似ていて、触角の付き方も明らかにふつうのゾウムシとは異なる。なにより胸の縁がギザギザで、まるでゾウムシらしくない。ハムシとゾウムシを足して二で割ったような不思議な甲虫だった。若原君によれば、二センチほどの小さなヤシの実をたまたま持って帰ったら、そこから羽化したのだという。

この種のゾウムシは、じつはすでに小島弘昭君が見つけていて、正体もわかっていた。さすがはプロ！　ゾウムシ上科の一つ、アケボノゾウムシ科に属し、オーストラリアではふつうに見られる。この仲間は原始的な形を残すゾウムシの一つで、最近アジアでも見つかっている。でも、アジアのものは、オーストラリア産の種とは形も大きさもずいぶん違う。一見すると、まったく違うゾウムシに見える。

若原君はチョウ屋だから、それと知らずにこのゾウムシを「発見」したのである。虫ではこういうことが多い。

発見とは、じつは「それを知らなかった自分」が「それを知った自分」に変わることである。その意味で発見とは常に「自分に関する発見」といってもいい。それが学会での新発見だというのは、結果的にそうだとわかるのであって、学会で知られていたって、知られていなくたって、自分にとっての発見の喜びは変わらない。それが研究の楽しみなのである。他人がノーベル賞をくれようがくれまいが、発見の面白さには変わりがない。

世界に認められるような大発見をしたい。そんな動機で虫なんか調べない。なぜかって、世間で自分の発見を威張りたいなら、もっと「ちゃんとした」科学の分野で頑張ればいいからである。そういう分野はいろいろあって、ときどき詐欺みたいな事件まで起こって新聞紙上を賑わす。そうなってしまうのは、研究自体より、他人の評価のほうに価値を置いているからである。

人生は決して自分だけのためのものではない。だからといって、他人の評価なんか、求めないほうがいい。そういうものは仕事の結果に「ひとりでについてくる」のであって、ついてこなくたって、知ったことではないのである。

虫の正体が判明しても、よく調べてみないと、わからないことがいくらでもある。とにかく変な虫なんだから、変なことがあるに違いない。チャンスがあれば、現地で探してみなくてはなるまい。

二〇一二年六月のラオス行きで、その機会が訪れた。このときの同行者は、若原君、伊藤君に、若手の昆虫研究者である中瀬悠太君を加えた四人。北部シェンクワン県のノンヘットへ向かう途中の村で若原君が車を止めた。

民家の庭に高さ二十メートル近くある大きなヤシの木が一本生えている。二年前にここで件《くだん》の実を拾ったのだという。クジャクヤシという種類で、葉が一見、シダのようにいくつにも分かれている。黄色い花芽《つぼみ》が数珠のようにつながり、房になってたくさん垂れ下がっていた。

庭にお邪魔して木の下の地面を見ると、つぼみが落ちていた。アーモンド形の莢《さや》に入っている。若原君がヤシの実といっていたのは、じつはこのつぼみだった。

拾って指で割ってみると、いきなり丸々とした幼虫が出てきた。栗の中から出てくるシギゾウムシの幼虫によく似ている。もうひとつ、つまんで割ってみたら、今度は成虫が出てきた。二年前に若原君にもらった個体はもっと黄色っぽかったが、おそらくあれは羽化直後の色づいていないものだったのだろう。出てきたのはずっと黒っぽくて斑紋がある。探していた虫を自分自身で見つけて、じかに触れると、すなおに感動する。周りのみんなも興奮して、地面を探し始めた。

十一メートルも伸びる、伊藤君自慢の竿をつかって大きな網で頭上のヤシの花を掬《すく》うと、やはり成虫が採れた。

ヤシは原始的な植物で、花は風によって花粉が運ばれる風媒花だ。子どものころから、そう習ってきたような気がする。でも、じつはヤシの花はこんな虫たちが花粉を運ぶ虫媒花でもあったのだ。最近では小島君が、かなりのゾウムシがヤシの花粉を媒介していることを見つけ出している。

爺さんの災難

とにかく、これまでほとんど知らなかった生物が人家の庭にいたのである。庭にある木にいるのならばいくらでも採れそうだ。もっと探そうと、いくつかの村を車で回ってみた。ところが、この木はどこにでもあるわけではなかった。

結局、半日かけてベトナム国境近くまで走り回ったが、よいクジャクヤシは見つからなかった。どの村でも二、三本のクジャクヤシを見るのだが、花を付けた木がない。半ばあきらめかけて帰路につこうとしたとき、たっぷりと花を付けたクジャクヤシの影を、伊藤君が目ざとく見つけた。道からやや離れた人家の庭のようだ。さすがにテレビ屋のナチュラリスト、目がいい。車を降りて道脇の川を渡り、若原君が家の軒先から声をかける。少数民族の爺さんがきょとんとして出てきた。

さっそく木の根元に落ちた花のつぼみを探させてもらう。まだ緑色の新しいつぼみはダメ。落ちてだいぶ時間が経って茶色く変色した、指で押すと柔らかいものがよい。

まず確実に幼虫、サナギ、あるいは新成虫が入っている。

興奮している四人を見て、あまり乗り気でなかった爺さんが手伝い始めた。いつのまにか孫と思われる幼い子ども二人、かたわらにいる。どんな虫を採ってるのかと聞く爺さんに、若原君が虫を見せる。爺さんはそれを子どもに見せて「これは食えそうにない……」。そりゃそうだ。彼らにとっての判断基準は、食えるか食えないかだろう。

地面の後は頭上を探索する。十一メートル竿で花を掬うと、やはりまた採れた。別の種類のオサゾウムシの仲間も網に入った。伊藤君が持っている虫採り網は台湾製の最新型で、畳んでいるときは網の枠が棒状だが、それを押し曲げて留め具をつけると一瞬で八十センチの巨大な網になる。網をつける竿は平常時一・五メートルだが、これがまた一瞬のうちにスルスルと伸びて最長十一メートルになる。

爺さんにすれば、この日は災難だったかもしれない。突然、見ず知らずの日本人がドカドカとやってきて、庭のヤシの木の下で花のつぼみを拾ってギャーギャーと騒ぎはじめた。それを傍で見ていたら、今度は真っ直ぐの棒がいきなり巨大な丸い網になり、一メートルかそこらの竿がどんどん伸びて十メートル以上になった。そして、それを使って、はるか頭上のヤシの花をガサゴソ掬い、嵐のように去っていった、というわけだ。

あとで爺さんが家族にこの話をしたとき、信じてもらえただろうか。「やっぱり呆けたんじゃないかしら」と家族の心配が始まったとしたら、まことに申し訳ない。しかし、現場には幼い孫らしき子どももいたから、村の伝説になったのかもしれない。

ネジレバネという変な虫

このときのラオス行に同行した中瀬悠太君は、ネジレバネの研究者だった。

ネジレバネとは変わった昆虫である。そもそも名前からして変である。乾燥した標本を見ると、棍棒状になったオスの前翅がねじれた形になっているから、そのように呼ばれるらしい。生きているときはこの前翅は自在に動いて、飛翔時のバランサーの役目を果たす。

そもそも死んだ状態の虫を見て名前をつけるとは無粋である。しかし、それには止むを得ない理由がある。ネジレバネはハチやバッタなどいろいろな昆虫の寄生者で、野外ではなかなか発見されない。私もこれまで野外で出会ったことは一度もない。中瀬君によると、専門家でも野外で発見することは難しく、ふつうに網を振っていたら一年に一頭も採れないという。名づけ親の昆虫学者もおそらく、標本しか見たことがなかったのではないか。

ネジレバネのオスの成虫はハエに似た形をしていて、翅が生えている自由生活者である。一方、メスは寄生の体内で一生を過ごすウジムシ型の虫で、足もなければ、目も口もない。成熟したメスは頭胸部を寄主の体節から外部に出している。出ている部分に育溝という器官があり、そこにオスが交尾器を差し込んで交接を行う。メスの体内で孵化した幼虫はこの育溝を伝って野外に出る。そういう意味では、ウジムシ型のメスは、その生活史に見事に適応進化した姿形をしている。もっとも例外はあって、原始的なシミネジレバネ科だけは、メスも自由生活を営む。この交尾がまた変わっていて、オスは針状の交尾器を持っており、それを頭部以外、メスの体のどの部位に差し込んでも交接できる。

多くの寄生性の昆虫は、成虫になるときに寄主を食い殺して野外に出て行く。しかし、ネジレバネは、シミネジレバネ科を除くと、最後まで寄主を殺さない。寄生された昆虫は、標準寿命よりむしろ長生きすることもある。

中瀬君がネジレバネを採集する方法はすこぶる変わっている。宿の軒先に水銀灯を終夜灯し、その下にエタノールを入れたビニール袋をぶらさげておく。ネジレバネのオスは明かりに集まる習性があるから、うまくすると翌朝、オスがエタノールの底に沈んでいる。

しかし、明かりにはその他の昆虫も集まってくる。一晩に何万という数である。朝起きて部屋を出ると、中瀬君が小さな虫がイヤというほど入ったエタノールをプラスチックの器に空けて、黙々と虫の仕分けをしている。その中にたまに一頭、ネジレバネが混ざっているわけ。根気のいる作業である。もちろん一頭のネジレバネも採れない日もある。

完全変態の謎

私が最近とくに面白いし、大切だと思っているテーマは共生である。

昆虫には完全変態といって、幼虫と成虫でまったく形が異なるグループがいる。昆虫の中でも系統的に進化したグループがこの完全変態を行う、とされている。だれでも知っているのは、チョウやガの仲間だろう。

これら鱗翅目の昆虫の幼虫期はイモムシやケムシである。それがサナギになり、やがて成虫が羽化すると、あのようにまったく異なった形になる。食物の摂り方にしたってまるで違う。幼虫は立派な咀嚼型の口を使って葉をかじっているけれど、成虫は口吻といってストロー型の口で液体を吸い上げる。完全変態は甲虫やハチ、ハエ、いま紹介したネジレバネなどが使っている発生のプロセスだが、より祖先的とされるトンボやバッタ、セミなどの昆虫は不完全変態といって、サナギの段階がない。彼らの幼虫は多少なりとも成虫に近い形態を持つ。

この完全変態に至る進化の道筋がどうにも不思議である。同じ生物が、まったく異なる形態を一生の中に併せ持つのは説明が難しい。これを自然選択説で説明するならば、幼虫と成虫でまったく異なる環境のもとで、別々に淘汰圧を受けながら進化したということになる。同種の生物なのに、なぜそんなことをしなきゃならないのか。まして完全変態は種レベルの話ではない。昆虫のいくつもの目《もく》に共通しているから、大進化の機会に獲得した発生プロセスに違いない。

チョウ型もイモムシ型もそれぞれが自然選択により進化したという考えは当然ありうる。それぞれの環境に適応的だから、細かいことを飛ばして考えれば説明は可能である。それが一種類の生物の一生の中でつながっていることが変なのである。

完全変態のような極端な形態変化は昆虫だけに限らない。ウニやヒトデのような海産生物でも、幼生は親とはおよそ無関係に近い形をして、海中を泳ぎ回っている。これらの生物も、生活環の中における形態変化の違いは大きい。

完全変態はまったく異なる昆虫が、ゲノムを含めて共生した結果ではないかという説がある。ゲノムとゲノムがなにか上手に話し合って、お互いが獲得してきた環境に有利な性質を共有した。そんなバカなと思われるかもしれない。でも、チョウやガのサナギを野外で採ってきて飼育した経験があれば、この話はよくわかると思う。チョウやガが出てくるかと思えば、半分以上はハチやハエが出てきたりする。寄生蜂、寄生蠅である。この寄生性の虫と、寄生される虫が上手に連結したら、二種類が一種類になってもいいのではないか。毛虫状の昆虫に、ガみたいな昆虫が寄生してつながったら、チョウになったのである。

進化の初期にとんでもない共生が生じたことは、すでによく知られている。たとえば、すべての動物、植物、菌類の細胞が共通して備えるミトコンドリアは、真核生物に進化する過程で、他所《よそ》からやってきた好気性細菌のプロテオバクテリアが細胞内に共生したことが、その起源だと考えられている。だから、ミトコンドリアの持つ遺伝子は、細胞核のものとは違って、原核生物の型なのである。進化はなにも種の変化だけがその原動力になるとは限らない。とくに進化の初期では、生物同士の寄生・共生の関係の中で、遺伝子やゲノム自身の水平移動が起きたことも十分に想定できる。

それにしても、ネジレバネは極端な例かもしれない。卵から孵った幼虫は三爪《さんそう》幼虫と呼ばれ、目も六本の脚もあり自由に歩行できる。それが寄主にたどりつき、その体の中に入ると、脱皮してウジムシ型の二齢《にれい》幼虫となる。甲虫の仲間のチビヒラタムシ科やネジレバネと同じ寄生生活をするオオハナノミ科の幼虫がやはり、同様な変態を行うが、いずれにしても非常に珍しいプロセスである。

ネジレバネのオスの寿命は数時間余りしかない。極端に短命である。オスは短時間でメスを探し出して交尾をしなければならない。そのためによく発達した複眼と翅を備えている。ネジレバネは寄生者としてはまだ進化途上なのだろう。寄主の乗っ取り方にしても中途半端で、あまり上手にやっているようには見えない。

アリネジレバネ科はそのような点から見ると興味深い虫である。この仲間のオスはアリに、メスはバッタやカマキリに寄生する。雌雄で寄主が異なるのである。だからかつては、雌雄で異なるグループに分類されていた。その後、遺伝子の解析によって同種であることが証明された。

ちょっと考えてみてください。アリとバッタですよ。アリから羽化したオスがバッタに寄生しているメスのところまで飛んで行き、交尾する。孵化した幼虫は雌雄また別々にバッタとアリの寄主を探し出して取り付くのである。なんて面倒くさいことをするのか。

一つの原理では説明できない

ファーブルは、虫の生活をていねいに観察して、ダーウィンの自然選択説ではどうにも説明できない例がいくつもあると書いている。それとは逆に、ハチやアリのような社会生活をする昆虫たちが、なぜああいう繁殖の仕方をするのかを、ダーウィニズムは上手に説明する。

法則はそれを具体的にどういう現象に当てはめるかで正否が決まる。一足す一は二だが、アルコール一リットルと、水一リットルを混ぜても、二リットルにはならない。水分子は小さく、アルコール分子はそれに比較して大きい。だから水分子がアルコール分子のいわば隙間に入ってしまうのである。

箱いっぱいのボウリングの玉と、同じ大きさの箱いっぱいのパチンコの玉を混ぜたら、二倍の大きさの箱はいらない。でも、パチンコの玉一個とボウリングの玉一個を並べて個数を数えると、たしかに二個になる。

すべての事象を一つの原理で説明したがる傾向が人間にあることは否定しない。だから、たとえば「なにごともアッラーの思し召し」ということにしてしまう。それでもとりあえず社会はやっていける。そうもいえる。でも、それが困った問題をしばしば引き起こすことは、現代ではすでに常識であろう。自然選択説を含め、法則はその適用を間違えると、役に立たない、ないしは有害なのである。

われわれが自然を観察して、ていねいに見ようとするのは、それがじつにさまざまな面を見せるからである。そのすべての面が、一つの原理で説明できると考えるのは結構だが、うまくいかないに決まっている。そのときにいうこともわかっている。そういう事実は細かいことで、考慮に値しない。いずれ同じ原理で説明できることなのだから、それまで放っておけばいいのだ、と。

その「放っておかれた事実」が溜まりに溜まると、いわばゴミの山ができる。そのゴミの山が溜まりすぎて、いずれ崩壊する。これをトマス・クーンは科学革命、パラダイムの変化と呼んだ。

自然選択説はじつは情報に関する法則である。ここに私がなにを書いたって、それが「あなたの頭という環境」に適応しなければ、アッという間に滅びる。でも、この種のことを主張する人はいないようなので、説明が長くなるから、ここではもうやらない。さらにいえば、十九世紀の生物学に独特の三つの法則、メンデルの法則、ダーウィンの自然選択説、ヘッケルの生物発生基本原則、これらはいずれも情報に関する法則ないし経験則である。

私は長年そう思っているし、そうに決まっているのである。

またもや新種発見

二〇一二年のラオスでは、チョウの新種がまた採れた。採集場所は、ジャール平原のかなり東、ノンヘットにある石灰岩の岩山の山頂付近。採集したのは若原君の奥さんの弟、愛称ゴンさん。採れたのはアカシジミの仲間で、これも本来の生息域は温帯林のチョウである。

二〇〇八年以来三度目の新種発見となった。愛好家の多いチョウは新種が発見されることが稀である。チョウマニアは一生に一種類、新種を発見できればもう思い残すことはないという。それなのに四年間に三回とはただごとではない。

このような発見が続くのは、最近の異常気象も影響しているらしい。日本と同じアジアモンスーン気候のラオスは、季節の移り変わりが比較的はっきりしている。ところが、季節の変化が昔とはだいぶ違うという。雨期になってもなかなか雨が降らなかったり、乾期に長雨が続いたりする。

そのせいか、以前は個体数が少なく目につかなかった虫がたくさん発生するようになった。二十年以上、ラオスの山を歩いた若原君の見識だから、たぶんそういうこともあるのだろう。

もともと若原君は、私を件の岩山に連れて行くつもりはなかったらしい。

その山は、若原君とっておきのランの宝庫なのだという。四十種類を超えるランが群生しており、マニア垂涎の新種を発見したこともあるらしい。彼はチョウだけでなく、無類のラン好きでもある。

ところが、虫採りには、石灰岩の山はあまり向かない。アルカリ性が強いので限られた植物しか生育せず、そのせいで虫の種類も相対的に少ない。他の場所では見られない植物や虫がいる、ということではあるのだが。カタツムリだけは例外で、多くの種類がいる。殻を形成するのに必要なカルシウムが豊富なので、陸生の貝にとっては都合がよい。

伊藤君とゴンさんと私の三人で道沿いの茂みで採集していたら、若原君と中瀬君の姿がいつのまにか消えていた。あとでわかったことだが、若原君はわざと私たちに行き先を告げず、カタツムリを見たいという中瀬君を連れて石灰岩の山へ入っていったのだった。

山肌が険しいので、老人と数日前からお腹を壊して体調のすぐれない伊藤君にはつらかろうという配慮である。そして、ゴンさんは監視役。ところが、私たちは道沿いの採集に飽きたのをいいことに、トウモロコシ畑の緩やかな斜面を突っ切って岩山の縁まで追いかけて行った。

いきなりそびえ立つ岩山は木々に覆われ、どこからとりつけばよいかわからない。ラオス人もめったに来ないという山なので、もちろん道はない。大声で「オーイ」と若原君を呼んだら、上のほうから「あー、来ちゃった」という声がした。老人が来ちゃってすみませんねぇ。

仕方なさそうに下りてきた若原君の案内で、一緒に登らせてもらうことになった。

若原君が発見したベニシジミの新種（新亜種）

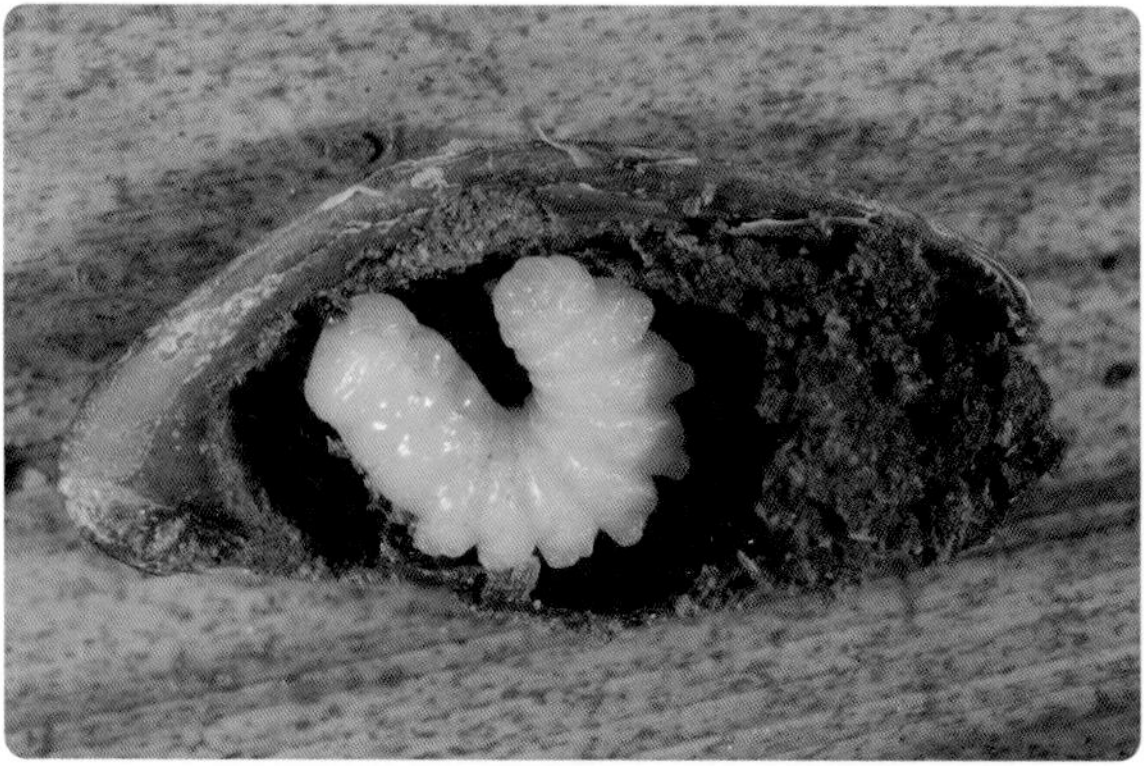

クジャクヤシのつぼみの中にいたアケボノゾウムシ（新種）の幼虫

どこか懐かしい感じがするラオスの田舎道

ネジレバネのオス（アリネジレバネの一種）と中瀬君特製ネジレバナ採集装置

ハイイロフトヒョウタンゾウムシ

フサヒゲミドリオビカミキリ

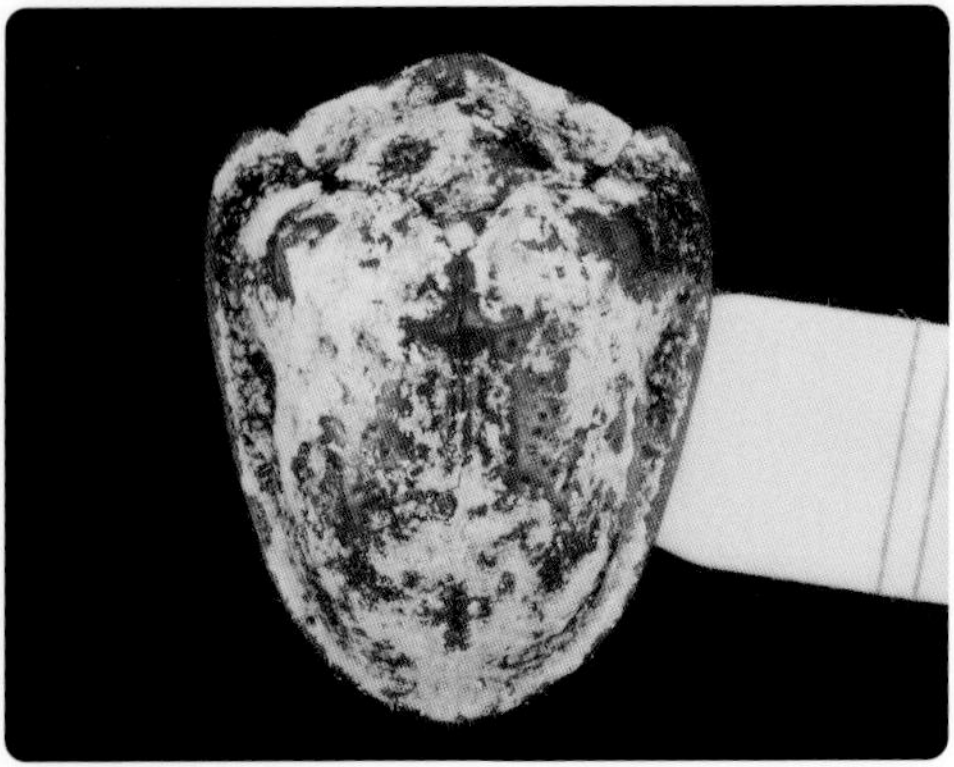

全身が白い粉で覆われたカメノコハムシの一種

見つかったとき、若原君も震えたアカシジミの新種

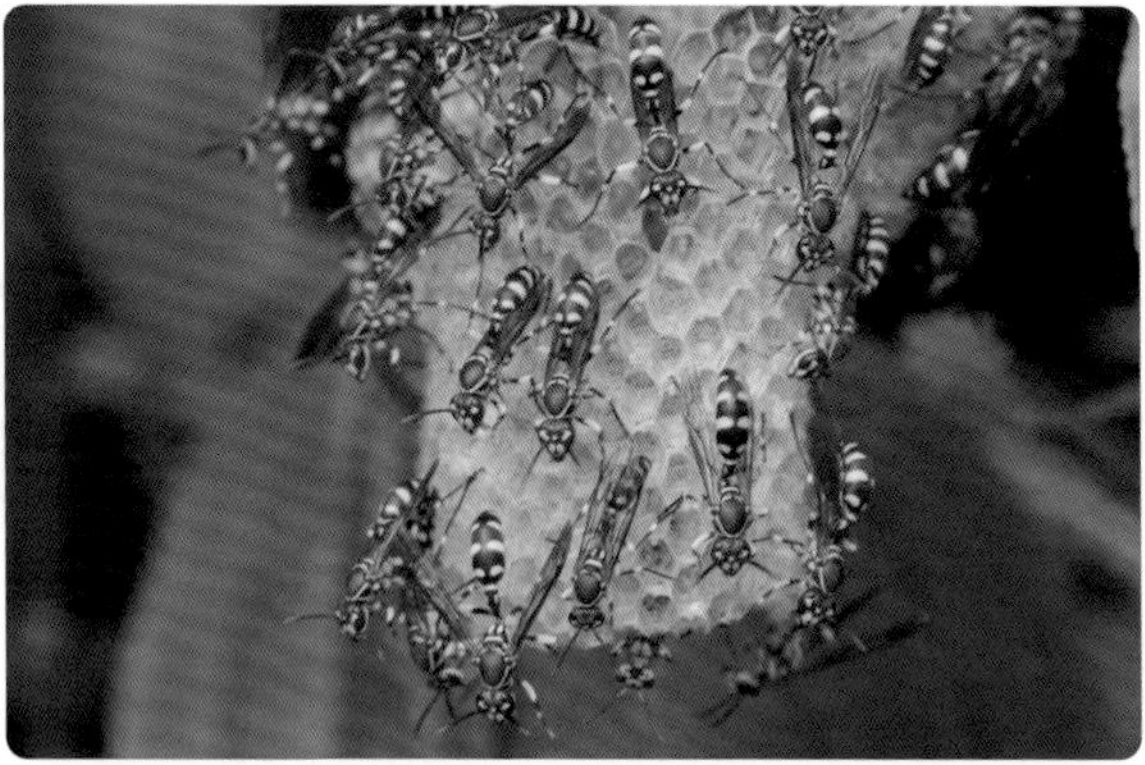

私の額を刺したアシナガバチ

このあたりのことはよく覚えていません。
若原君はタイにヘリで搬送する算段までしたそうです

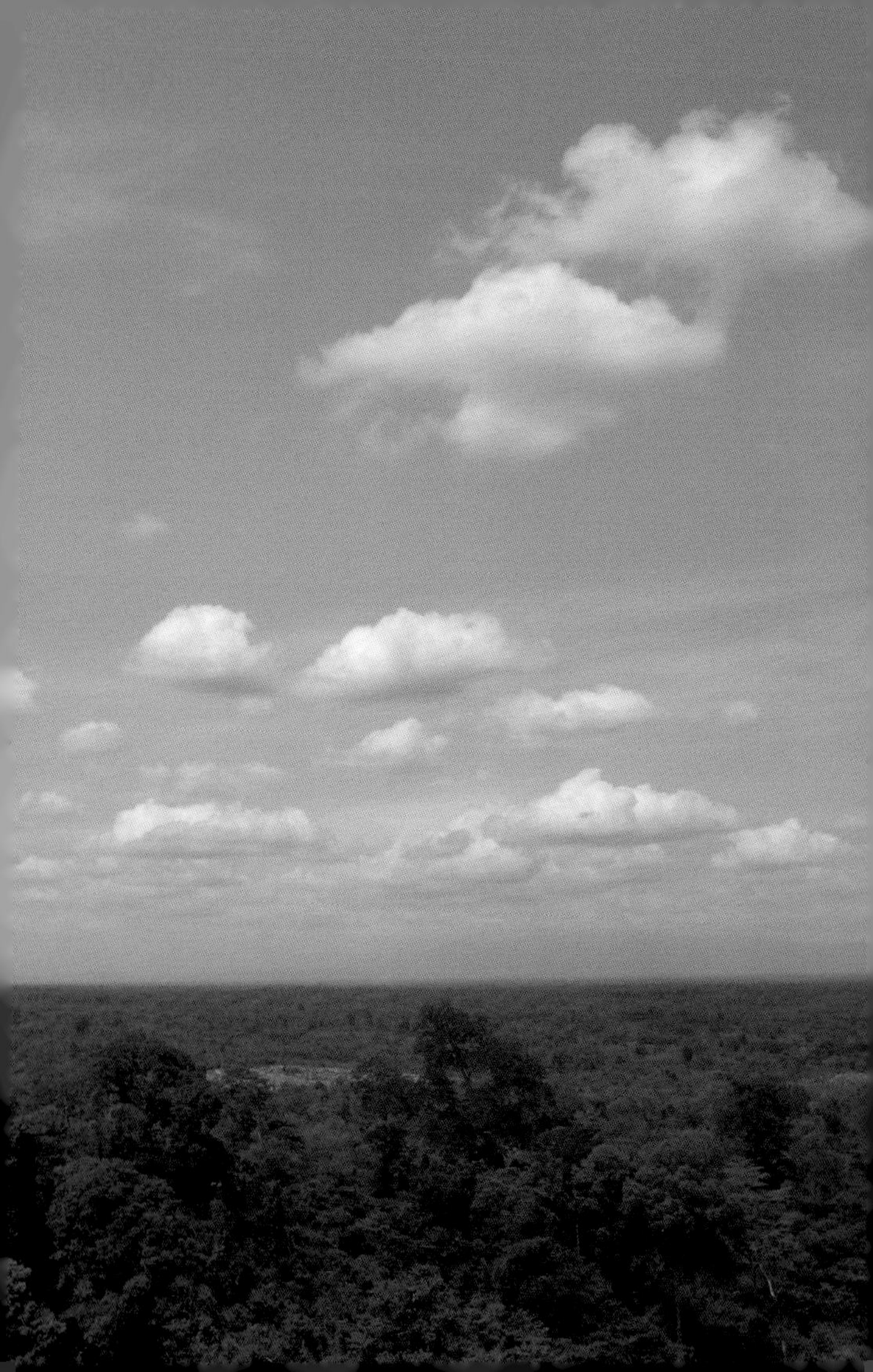

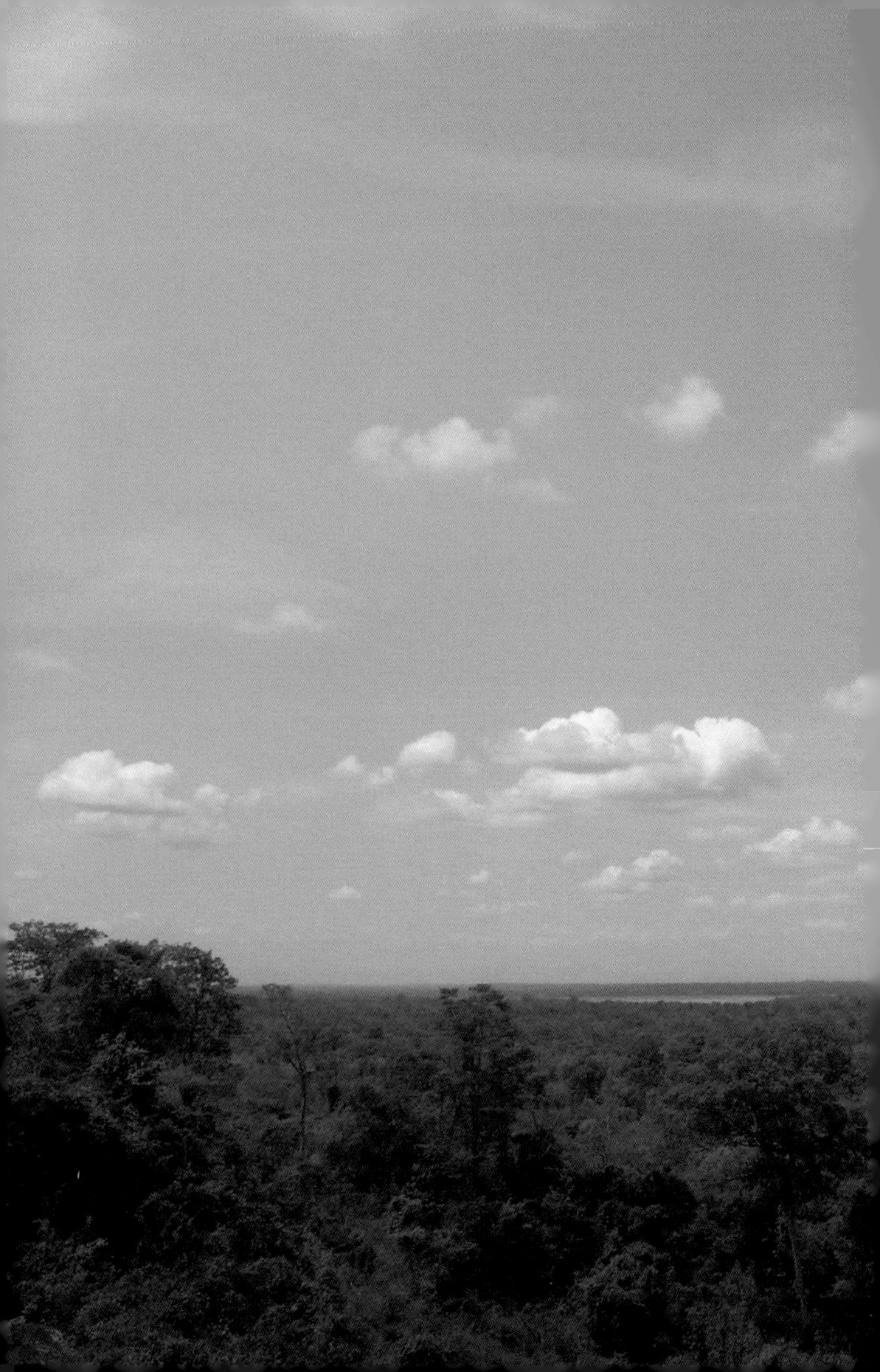

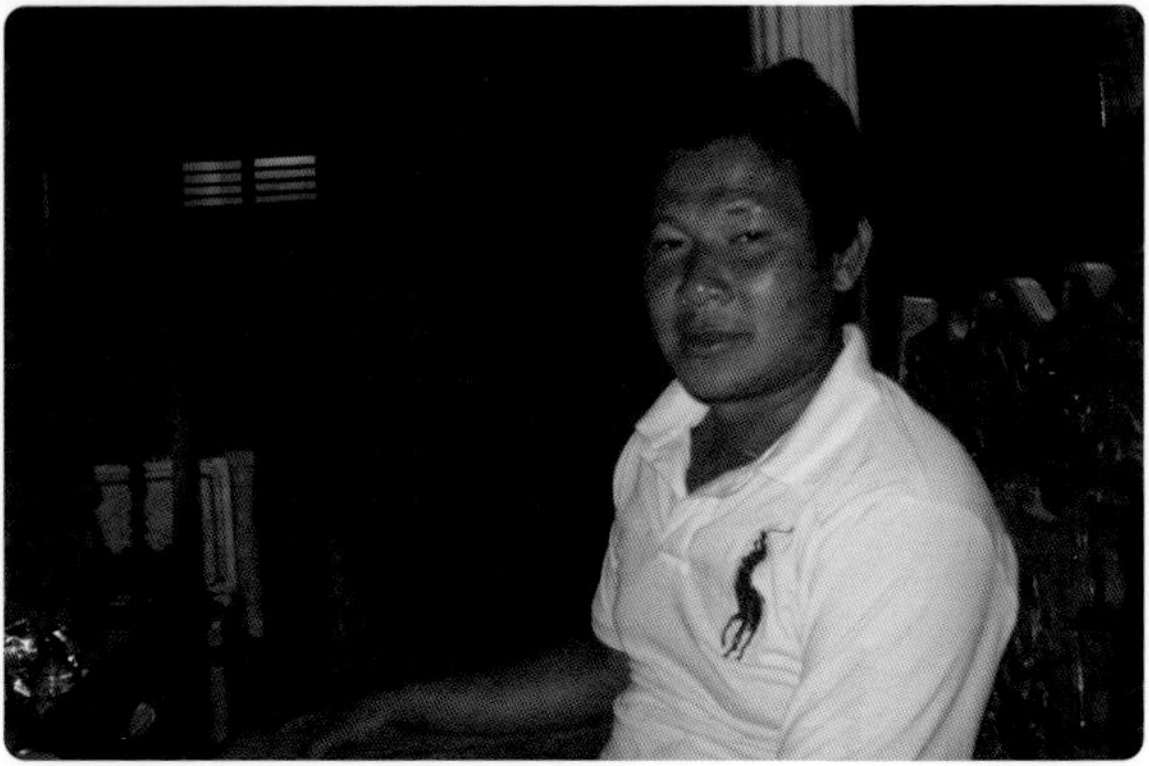

そのアシナガバチの子を食べてしまうゴンさん

もちろん、次の日も虫採りに行きましたよ

岩山のブッシュに足を踏み入れたとたん、湿度が高くなる。水で浸食されやすい石灰岩はところどころナイフのように鋭く尖っている。うっかり手を突くと危ないうえ、濡れているところは滑りやすい。おまけに棘だらけの植物がやたらと多く、都合よくつかめる枝がない。虫採り網も引っかかる。はなはだ歩きにくい。完全な藪漕《やぶこ》ぎだ。さすがにこの年で若者についていくのは大変。バテた。しかし、面白い。

休み休み、高さを稼いでいくと、やがて木々は厚いコケに覆われ、着生ランが目につくようになった。コケの中に潜むゾウムシがいないか気になる。こんなこともあろうかと日本から用意してきた、とっておきの刷毛でコケをさすり、それを網で受けて虫を探す。数は少ないが、やはり見つかる虫が道路脇とは違っている。中瀬君は全身が白い粉で覆われた変なカメノコハムシを採り、興奮している。

やがて若原君から聞いていた通り、まわりにランが多くなってきた。季節のせいか咲いているものは少ないが、ところどころコチョウランの仲間などが美しい花を開いている。稜線近くまで来ると、ランを踏まずに歩くのが不可能なほどだ。この一帯は北向きの斜面で、湿度や風がランの生育に理想的な状態なのだと若原君はいう。

ようやく稜線に出ると、涼しい風が吹き渡り心地よい。疲れ果てて伊藤君と一服していると、数十メートル先から若原君の大声が聞こえた。「なんじゃ、これはっ!」。義弟のゴンさんをしかりとばしているようだ。

いったいどうしたのかと、心配して見に行くと、若原君が震えて立っている。私のほうを向いて一言。「採れてはいけないものが採れてしまいました。これ、アカシジミの新種です」。

ゴンさんが偶然捕まえたオレンジ色の小さなシジミチョウ。それがまったく予想していなかった新種のチョウだったのだ。虫が少ない石灰岩の山は、虫を調べるうえで一つの盲点である。そのことがよくわかる出来事であった。

広がるトウモロコシ畑

私が今回、新種のチョウの発見現場に立ち会えたのは、岩山の麓が難なく歩けるトウモロコシ畑だったおかげだ。そこがもし、藪をかき分けかき分けしないと進めないような悪路だったとしたら、若原君たちを追いかける気にはならなかったに違いない。

しかし、じつはそのほんの一年ほど前、若原君がこの山を見つけたときは、周囲は一面の深いブッシュで、藪漕ぎしながら一苦労して山の縁にとりついたのだという。そこがわずか一年で一面のトウモロコシ畑になってしまった。

トウモロコシ畑がここ数年、ラオスでは激増している。家畜の飼料やバイオエタノールとして輸出し、外貨を稼ぐためだ。

とくに、新エネルギー源として注目されているバイオエタノールは、いま需要が伸びている。食糧ではなく燃料にするのなら、畑で作らないで工場で水耕栽培でもすればいいのではないか。人が口にするものではないから、味や安全性などの品質はたいして問われないだろう。そうすれば、原野を破壊して畑を作らなくても増産できる。

ところが、そんなことをいうとたぶん、アジアの貧困な農民の収入が減るという反論を浴びる。要するに、根底にあるのは、先進資本主義国と発展途上国の経済格差、いわゆる南北問題であろう。

外貨を稼ごうとすることは、決して悪いことではない。ただ、その方法が問題である。先進国の紋切り型のビジネスモデルに乗ると、最初はよくてもやがてジリ貧になる。農薬を使えば虫が簡単に死んでくれる。森の伐採を手伝えばびっくりするような大金が手に入る。人は易きにつきがちだ。しかし、決して丸儲けはない。たちまち畑も森も荒れ果てる。ひとときの好景気が消え去るばかりでなく、先祖代々守り継いできた大切な生活基盤も失われる。

いまの世界全体からみると、ラオスは自然環境保護をしたほうが儲かるはずだ。世界の森林資源がかなり失われつつあるからである。

もっとも、森林の量だけに注目すれば、減少のスピードは以前より鈍化している。木は放っておけば成長するし、伐採しなければ時間とともに森の体積だけは膨らんでいく。日本はそのよい例である。また、失われた森林を復元しようとする動きは、東南アジアをはじめ世界の熱帯域各地で進められている。

問題はその質である。植林をするときに、どうしても経済的に価値のある樹種あるいは成長の早い樹種を植えてしまう。東南アジアで盛んに植えられているユーカリは、早生樹といってあっという間に生長する。しかし、ユーカリはオーストラリア原産で、アジアの植物ではない。このような樹種を植えても、森林が増えたように見えるだけで、その地域に棲んでいる他の動植物に利用される余地はない。生物多様性から見たらほとんど価値のない森が増え続けているだけである。森林資源が失われているというのは、そのような現実を指してのことである。

早晩、森林の価値が評価される時代がくるだろう。そのときまでいまのかたちを維持するように努めたほうが、ラオスのためにも地球のためにもなる。

伐採を一切やめろというのではない。土壌や気象環境からいって、ラオスの森林は上手に木を植えればどんどん育つ恵まれた条件にある。それを切って使えばいい。しかし、適正な技術とペースを現地の人が会得するには、教育と時間とが必要だろう。

ラオスには研究拠点が必要

ラオスは虫の採集や標本持ち出しに関する規制がやかましくない。動植物の採集と国外持ち出しを原則的には規制しているが、十分に機能していない。よくいえば、おおらかな国である。それは私のような虫採りには好都合なのだが、本来、生物標本は自国内できちんと保存されるのが望ましい。

ところが、ラオス国内には現在、生物標本を収蔵する研究機関はなく、大学でも生物の分類学や生態学をまともに専攻している研究者は皆無に等しい。加えて、ラオス各地ではいま、合法・違法を問わずむやみな森林伐採が増え、自然破壊が急激に進んでいる。誰かが調査し、標本にしなければ、ラオスの生物多様性は、何の手がかりも残さないまま、失われてしまう。われわれ外国人による採集は、最善の策ではないが、だれも何もやらないよりははるかにましだろう。

このままではラオスの標本は各国に散らばる一方で、散逸してしまう恐れがある。また、まとめて見ることができないので、総合的な研究もしにくい。そこで、ラオスに生物多様性の研究拠点をつくれないものかと、最近考えることがある。

そこでは、ラオスの生物標本や関連文献を所蔵し、ラオスの生物多様性のデータベースを作成する。国内外からやってきた研究者も滞在して、研究活動が行えるようにする。そうすれば、外国から来た専門家が直接指導して、ラオス人研究者を育てることもできる。まず数人が育てば、あとはラオス人が自力で後輩を育てていくだろう。なんといっても、人を育てることほど大切な仕事はない。地域の生物多様性を守るには、地元の人々がその価値を理解しない限り難しい。さきほど、おおらかな国と書いたが、ラオス人は自国の生物多様性の価値をほとんど理解していないから、東アジア随一といわれる森林資源を安売りしてしまう。生物多様性は地球規模での共有財産であり、ときに大きな経済価値を生み出すにもかかわらず。

アシナガバチの攻撃

二〇一二年のラオスでは、どういうわけか小型のアシナガバチによく刺された。虫を採っていてハチに遭遇するのは日常茶飯事である。そもそも虫採りという攻撃をハチの巣に仕掛けているのだから、反撃を受けても仕方がない。あえてやぶ蛇のようなことをいつもやっているわけだ。だから虫屋には、結構、危険なことをやっているという自覚がある。野外の経験が豊かだから、そんなにしょっちゅう被害には遭わない。それでも、刺されるときはある。オオスズメバチやキイロスズメバチのような大型のスズメバチ類に刺された場合はとくに危険である。最悪の場合はショック症状を起こして死に至る。

二〇一二年にはまず、ゴンさんがノンヘットの岩山でやられた。刺された腿がひどく腫れて辛そうだった。その二日後のプーヤンでは伊藤君と若原君が刺された。

私たちが出かけた六月頃、シェンクワン県の標高千五百メートル辺りでは、アシナガバチの仲間が巣作りをしている。虫採りに夢中になっていて、巣があるのを知らずに藪をつつくと、たちまちハチの攻撃を受ける。

伊藤君は、甲虫を採るために木の梢を網で掬ったところを刺された。茂みにあったアシナガバチの巣を、網で揺らしてしまったのである。あっという間もなく、鼻の穴の間と首筋をやられた。若原君が報復とばかりにハチの巣を叩き落としたが、そのとき腕を一カ所やられた。伊藤君が苦しそうにタオルで顔を押さえる。ハチ毒が回っているのか。一同、心配して伊藤君を取り囲む。

そこに、若原君の義弟であるラオス人のゴンさんもやってきた。そして、地面に落ちたハチの巣を拾い上げるや、中のハチの子をパクパクと食べ始めた。これには皆、すっかり呆れて大笑い。不快な緊張感が一気に解けた。伊藤君にもようやく笑顔が戻った。日本人も昔はよく食べたものだが、ラオス人にとってハチの幼虫とサナギはごちそうである。ゴンさんの食欲が優先したのも無理からぬことだろう。

幸いにして、伊藤君も若原君も数時間で腫れが引き、大事には至らなかった。

最近の日本では、街の中でハチに刺される人が多くなった。それは、ハチの存在に人の意識が向いていないからだと思う。

東京や大阪の都市近郊には、キイロスズメバチが多い。都心部の緑地でもよく見かける。巣の分散が起きる夏には、外からやってきた群れが、駐車場の屋根や橋の欄干などに短期間で大きな巣を作る。巣ができるのが突然だし、今の人はそんなところにハチの巣ができるなんて思っていないから、なかなか気づかない。秋も深まり十月頃になると、巣の住人は他の巣のオスの侵入におびえて殺気立ち、近寄る者があれば闇雲に攻撃を仕掛ける。相手がハチだろうが人だろうがお構いなし。そこを、人が気づかずに通りかかると事故が起こる。

都市に緑を復元すること自体は悪いことではない。そのとき、緑とともにさまざまな動植物が共存していることを忘れてはならない。ところが、動植物の存在が都会の人の意識からたぶん抜け落ちてしまっている。いつも自然にかかわっている虫屋と違って、そういう気遣いは普段の生活ではおそらく必要ないからである。大きなハチの巣ができても、意識にないからなかなか気づかないし、気づいてもそれがどれほど危険なのかわからない。昔はハチの巣ができれば、近づかないか適切に処理をしていたはずである。

伊藤君たちが刺される前の晩、ホテルのテラスでお茶を飲みながら、みんなでそんなことを話していた。どこか油断があったのかもしれない。私も「最近どうしてあんなにハチに刺されて死ぬ人が多いんだろうねえ」などと言っていた。

第三の事件

今回の採集は今日で終わりということで、再度プーヤンに行った。最近開いた尾根道がよさそうだったが、前回は天気が悪かったから、短時間しか採集できなかったのである。もう戻ろうかという時間になって、道ばたの草むらを叩いたら、あっと思う間に額をやられた。アシナガバチである。

痛みは大したことはない。ところが、時間にしたら一、二分後には、景色が変わりだした。伊藤君が刺されたとき、すぐに「景色がよくなった」といっていたが、その通りである。コントラストが上がって、明るく、キラキラ輝いているように見える。

それがどんどん進んで、なんと空は真っ白く明るく、山は真っ黒く暗くなった。景色がいいどころか、白黒映画になった。

同時にはなはだ気分が悪い。立っていると、吐きそうな気がする。しょうがないから、車に這いずり込んで、座席に横になった。今度はそれまでケムシにやられていた場所が猛烈に痒くなる。暇な時間に数えたから知っていたのだが、カシにつくケムシにやられた場所が五十五カ所あって、それが全部、猛烈に痒くなった。それからマツケムシにやられたところが一カ所、これも痒い。それを掻きむしると、みんなが掻いちゃダメだという。でも痒いものはしょうがないのである。そうしたら、それぞれが痒みの薬を出してくれた。やっぱりみんな薬を持っている。虫採りでケムシにやられるのは、避けられない事故だとわかっているからであろう。

なにが起こったのか。まさにアレルギー反応である。このハチには、以前にもラオスで刺されたことがある。二回目になると、二割足らずの人がアレルギー性のショックを起こすことがある。これをアナフィラキシー・ショックという。

このハチは道ばたの茂みに巣を作っていて、それが見えない。だからつい近所を叩いてしまう。それをやると、見張り番の数匹がいて、あっという間に刺しに来る。相手は自衛上だから、文句もいえない。日本のアシナガバチやスズメバチ級の巣だと、見通しのいいところにあって、避けられるのだが、ラオスのアシナガバチの巣は茂みの中で、あらかじめ巣が見えないことが多いから、こういう事故に遭う。

痒くなったのは、アレルギー反応でヒスタミンが放出されたからであろう。これが痒みのもとなのである。景色が変わったのは中枢症状で、こちらはアレルギーが関与しているのか、単なるハチ毒の成分による中毒なのか、わからない。たぶん複合作用であろう。

車で四十分ほど、プークンの宿に入って、ベッドに横になった。宿に着いたときは、立ち上がるとまだ吐き気があって、ちゃんと立って歩く気がしない。

抱えられてベッドに横になったら、天井の電気の笠の中に、虫がたくさん溜まっている。蛍光灯破損事件のときと同じである。「あそこに虫がたくさんいる」と指さしたら、若原君の奥さんに「あれは笠の模様です」といわれてしまった。しばらくしてかなり具合がよくなった。見ると机の上に灰皿がある。タバコを吸おうと思って、ベッドの脇にいてくれた若原君に、灰皿をとってくれといったら「どこにある？」と訊く。「机の上にあるじゃないか」。そんなものはじつはなかった。あったのは私のメガネだけ。メガネが灰皿に見えたのである。

ハチに刺されてから、最後まで残ったのは、見るものが「欲しいものに見える」という症状である。こういう医学的な症状はあまり聞いた覚えがない。ケムシにやられて痒かった部分がさらに痒くなったことと同じだとすれば、私の脳は、見ているものを自分の都合のいいように解釈する癖がある、ということになる。ハチのおかげでそれが昂進したわけである。

これを最後に、約四時間後に、体調はほぼ戻って、吐き気も収まり、ふつうに動けるようになった。アナフィラキシーでは平滑筋が収縮して、気道が狭くなり、呼吸困難が起こることがある。あるいは血圧が急激に下がっていわゆるショックを起こす。私の場合には、そういう極端な症状は出なかった。ただ、気分が悪いだけではなく、どうも意識状態が低下していたという気がする。なぜなら車で運ばれた四十分の記憶がかなり曖昧で、残っていないからである。

自分なりに考えをまとめてみると、ハチに刺されて起こったことは、結局は行動の抑制だったのではないか。なにしろ気分が悪くて動きたくないし、風景がまともでなくなるのだから、そんなところで動きたくない。ハチにしてみれば、相手が動かなくなってくれればいいのである。呼吸困難や急激な血圧低下はむしろ刺された側の身体の過剰反応である。これも結果的には相手の動きを止めるが、直接ではない。ハチが刺す本来の目的が巣の防御だとすれば、ハチに刺されてこちらの行動が抑制されるのが、いわば「まともな」反応であろう。ハチだって、相手を殺そうとまでは思っていないと思う。

ただ、ヒトというのは性悪な動物で、せっかく見張りがちゃんと働いて相手の行動を抑えたのに、その付き添いがなにをしたかといえば、ゴンさんは相変わらず巣を拾って、ハチの子をその場で食べてしまったのである。

おわりに

この企画はもともと本にしようと思っていたわけではない。お読みいただければわかるが、後半はラオスでの虫採りの記録である。一部は日経ビジネスオンラインのブログになった。でも、そのときにカメラマンの柳瀬雅史君と、テレビのディレクターをしばしばやっている伊藤弥寿彦君が一緒で、テレビカメラで記録を撮った。これがよく出来ているので、公表しないのはもったいない。それが同行者たちの意見だった。とくにテングアゲハなどは世界初の記録といっていい。だから、今回はＤＶＤ付きの本も作ったのである（『虫の虫　ＤＶＤ付特装版』として二〇一五年に発刊）。

私が撮影したわけではないから遠慮なくいえるが、スゴイ。テングアゲハが手乗りになっている。もっとも私自身はテングはどうでもいい。問題はゾウムシである。でも、そちらはそちらで、おいおい論文にもなるから、心配は無用。だれも心配なんかしないよ。それはわかっている。

前半のブツブツは、本にすることになってから書いた。自分としては結構マジメに書いたのだけれど、なんのことやら、と思う人もあろうかと思う。長年考えてきたことが入っているから、そう簡単にわかられてたまるか。そういう気分もあるけど、こんなつまらないことを考えていたのか、と思われるかもしれない。でもそうなんだから、仕方がないのである。

虫は面白いんですよ。本人たちが面白がっているから、はたの人もひょっとすると面白いのかもしれないと思うらしい。だから本にしろといわれるのだけれど、こちらにしてみれば、本を書くより虫を採るほうがよほど面白い。当たり前でしょうが。虫採りの面白さが伝わればいいがと思うが、まあそれは読者次第であろう。虫なんか、見るだけで気持ちが悪い。そういう人だっているのだから、押し付けるつもりはない。

六月四日は「虫の日」とされている。虫の好きなヤツが勝手にそうしたのである。そういう人は六十四歳を「虫寿」として祝う。私はとうの昔に虫寿を過ぎた。それならというわけでもないが、本書が出る二〇一五年に、鎌倉の建長寺に虫塚を建てることにした。家内の発案である。私の墓を作るのが面倒くさいから、虫と一緒に葬ってしまえ、ということなのであろう。

採った虫は標本にするとはいえ、殺生といえば殺生である。それも長年だから、どこか心が痛む。

ブータンは仏教国で、徹底して殺生を嫌う。だから、虫を採る人もいない。そのくせ牛肉や鶏肉、ヤクまで食べる。殺しているじゃないかというと、牛は崖から落ちた牛で、鶏はインドから輸入したという。生きるためには、そうするしか仕方がない。でも、虫を殺すのには、そこまでの必然性はない。ただし、同じ仏教国でも、ラオスの人は虫をよく食べる。食品市場では虫をたくさん売っている。だから、私はラオスに行きたがるのかもしれない。虫を捕まえるのが当然な国なのである。

ともあれ、どこか心が痛むから、それが虫塚になる。それで許してもらおうということではない。心が痛んでますよ、という表現である。

『昆虫にとってコンビニとは何か?』(高橋敬一著、朝日選書)という本がある。そこには一台の車が廃車になるまで、千万匹の桁の虫を殺すと書いてあった。ウィンドウ・スクリーンにぶつかって潰《つぶ》れる。轢《ひ》き殺される。あるいはコンビニが新たにできると、たくさんの虫が集まる。それが二、三年続くと、虫があまり来なくなる。専門家はそれを「焼けた」という。明かりに集まるような性質の虫がいなくなってしまうのである。

そう思えば、現代人は意図せずして、おびただしい数の虫を殺している。現代を大絶滅の時代だとする本も複数ある。虫塚ていどではその傾向は止められない。でも、少しでも止めようとするなら、その始まりは、自分が虫を殺しているんですよ、という意識だと私は思う。虫なんかには、気が付きもしない。そういう人が多いと思うからである。

ハエがほとんどいなくなって久しい。結構なことだと思う人も多いはずである。しかし何事であれ、過ぎたるは及ばざるがごとし、であろう。ときどきハエが飛んでくる。それが正しいのである。それが当たり前の地球の姿だからである。

ともあれ、この本も虫塚も、多少は虫のためになればいいが、と願う。

養老孟司

文庫版エッセイ

人が生きる理由とは

人はなぜ生きるのか、と問われることがある。

物事にすべて理由があるとは限らない。理由を語ることのできる物事と、できない物事がある。しかし現代人は、「理由のないもの」にのみ違和感を抱くようだ。

この歳まで生きてきてつくづく思うのは、世の中がどんどん都市化して、街になったということである。街には理由のないものは存在しない。目に入るものにはすべて、何かの目的や理由があり、それがわかるようになっている。

部屋の中はその典型である。椅子は座るものだし、机は上に何かを置いて作業するためのもの。街には用途の決まった建物が並んでいる。人間は自らの周囲を「理由のあるもの」で埋め尽くしてしまった。そんな環境に暮らしているから、当然、人生にも理由があるはずだと考えてしまう。

「理由のないもの」をできる限り放り出した現代社会を、私はかつて「脳化社会」と批判した。頭に重きを置き、脳が化けた社会は今も増幅している。

いくら都会が脳化しても、その中には人間がいるからややこしい。人間とは、理由なしにそもそも存在するもの、つまり自然である。都会とは自然をできるだけなくしていく世界であり、そこで育ち、暮らしていると、「理由のあるもの」「意味のあるもの」しか目に映らなくなっていく。

「脳化」に抗うには、できるだけ無意味なものを身近に置くとよい。

私は会社の偉い人に会うと、オフィスの机の上に石を置いておくよう勧めている。課長の机に石が置いてあると、部下がやってきて「これなんですか」と聞く。課長が「石だよ」と答えると、部下は「なにするものですか?」と尋ねるだろう。

なにするものというわけじゃない。ただの石なんだから。そこらへんにいくらでもある。でも部下は意味を知りたがる。だから石は大きいほどいい。小さな石では、腹が立ったとき投げつけて、それでお終いになってしまう。

山で暮らしていると、なんのためにあるのかわからないものが無限にあることに気が付く。河原に行けば、石ころもたくさん落ちている。その石ころに「お前は何でここにいるんだ」と聞いても始まらないことは、だれでもわかっている。それなのに、街にいるとつい聞いてしまう。それは、周囲が役に立つもので埋め尽くされているからにほかならない。

役に立つものに囲まれたからといって、人間の脳が退化するわけではない。単に癖がつくというだけのことである。世の中にあるものにはすべて何らかの意味があるのだ、と考える癖がついてしまうのである。

昆虫採集をしていると、「なんでこんな虫がいるんだろう」と疑問に思うことはよくあるが、そんなこと思ったってしょうがない。いるものはいる。それは仕方のないことである。

しかし街ではこの「しょうがない」という考え方は不人気のようだ。世の中が都市化するにつれて、使われなくなった言葉はたくさんあるが、「仕方がない」もその一つである。仕方がないという態度が封建的だというのである（封建的もまた死んでしまった言葉だが）。

「仕方がない」というときの相手はたいてい自然である。台風が来るし、地震が起きる。自然災害によって起きることは「仕方がない」。使いすぎると嫌われるが、便利な言葉である。

でも都会の人は「仕方がない」とはいわない。代わりにいうのが、「なんとかしろ」。しかも、実際になんとかしようとする。「新型コロナウイルスが流行ったのは仕方がない」などといえば、お叱りを受けるだろう。首相でさえ「仕方がない」とはいえず、「なんとかします、ワクチンを確保します」と繰り返していた。

人はなぜ生きるのか、という問いへの答えも同じだ。人間は、仕方がないから生きている。昨日も生きていたから、その続きで生きているだけである。

第一、何かを夢中でやっていれば、そんなことは気にならない。一生懸命ゲームをやっている人に「なんでやっているの」と聞いても、「うるせえ」と返されるだけだろう。人間というのはタチが悪いもので、少しでも暇な時間ができると、ふと「なぜだろう」と考え、疑問を他人にぶつけたくなってしまう。

仕方がないから行きがかりで生きているのは、人間だけではない。動物も昆虫も植物も、みんな行きがかりだ。樹木は生えてしまったから仕方なくそこにいる。我々は生きているから死ぬまで生きるほかないのである。

子孫を残すためだとよくいわれるが、私はそうではないと思う。そういえば人が納得するから、そこに意味を与えているだけである。課長の机上にただ石が置かれていたら、「なにするものですか」と聞きたくなるが、その石の下に糠味噌の壺があれば、たとえ偶然であっても「ああ、沢庵石なんだな」と部下は納得するだろう。

だから人はなぜ生きるのか、などということは考えないほうがいい。もし考えているとしたら、その状況自体に問題がある。夢中になれることを探し、一生懸命働いて——それはお金を稼ぐこととは違う——生きる理由を考えないような状況へと変えるべきである。

自分が満足できている状態を自分で見つける、というのは大事なことだと最近よく思う。自分で満足して何かに取り組んでいる人は、人に迷惑をかけないし、周りが安心して見ていられる。

孔子もいっている。「之を知る者は之を好む者に如かず。之を好む者は之を楽しむ者に如かず」と。

生きているのが楽しいという状態にならなければ、人生の達人とはいえない。好きだからやっている、というだけでは足りないのである。楽しんでやっているかどうかが重要で、楽しくて夢中になっていれば、変な疑問が浮かぶこともない。

そしてこの「夢中になること」は、とくに子ども時代に経験しておくことが大切である。子どものときに何かに夢中になったことがあれば、いつでも自分が満足できる状況を探すようになる。

そのこと自体が生涯にわたり、あらゆる面でその人を支えていくのである。

本書は、二〇一五年七月に発刊された『虫の虫』（廣済堂出版）を改題、再編集のうえ文庫化したものです。

文庫版エッセイ「人が生きる理由とは」は書き下ろしです。

著者略歴

養老孟司（ようろう・たけし）

一九三七年生まれ。解剖学者。東京大学名誉教授。心の問題や社会現象を、脳科学や解剖学などの知識を交えながら解説し、多くの読者を得ている。大の虫好きとして知られ、現在も昆虫採集・標本作成を続けている。『からだの見方』（筑摩書房）でサントリー学芸賞受賞。著書に『バカの壁』『死の壁』（以上、新潮新書）、『唯脳論』（ちくま学芸文庫）、『かけがえのないもの』（新潮文庫）、『まるありがとう』（西日本出版社）、『養老孟司の人生論』（ＰＨＰ文庫）、『ものがわかるということ』（祥伝社）など多数。

昆虫学名一覧

※口絵ページ内、上から下、右から左の順

p.1 —— *Fulgora lampetis*

p.2 —— *Calyptocephala attenuata*, *Omocerus casta*, *Microctenochira* sp.

p.3 —— *Myrmecia* sp., *Inara alboguttata*, *Phobaeticus* sp.

p.4—— *Anax parthenope julius*, *Actias aliena aliena*, *Trypoxylus dichotomus septentrionalis*

p.5 —— *Poecilocoris lewisi*, *Campalita chinense*, *Batocera lineolate*

p.6 —— *Limenitis populi jezoensis*, *Lucanus macrifemoratus*, *Eurypoda batesi*, *Amphicoma pectinata*

p.7 —— *Cryptotympana facialis*, *Euurobracon yokohamae*

p.8 —— *Phyllobius galloisi*, *Galloisia inflata*

p 9 —— *Phyllobius armatus*

p.10 —— *Vespa mandarinia*, *Xylotrechus chinensis chinensis*, *Uropyia meticulodina*, *Hymenopus coronatus*

p.11 —— *Chrysochroa fulgidissima*, *Apatura metis substituta*

p.12 —— *Eupholus* spp.

p.13 —— 上段／*Lcptura ochraceofasciata*（ヨツスジハナカミキリ），下段／*Leptura kusamai*（ヒメヨツスジハナカミキリ），*Leptura quadrifasciata*（カラフトヨツスジハナカミキリ），*Leptura subtilis*（ヤマトヨツスジハナカミキリ），*Leptura yakushimana*（ヤクシマヨツスジハナカミキリ）

p.14 —— *Hypomeces squamosus*

p.16 —— *Meloimorpha japonica*, *Phyllobius brevitarsis*

p.18 —— *Macroleptura regalis*, *Macroleptura quadrizona*

p.24 —— *Teinopalpus imperialis*

p.25 —— *Helleia tseng sonephetae*, *Belidae gen.* et sp.

p.26 —— *Myrmecolax* sp.

p.27 —— *Sympiezomias* sp., *Diastocera wallichi tonkinensis*

p.28 —— *Silana farinosa*, *Japonica* sp.

p.29 —— *Ropalidia* sp.

写 真 提 供

（口絵ページ内、五十音順、敬称略）

伊藤弥寿彦	P3、P4 上、P10 左上、P16 右上・下、P17、P18 下、P20-21、P22、P24、P25 下、P26 上、P27 下、P28 下、P29、P32 下
『月刊むし』	P12
小檜山賢二	P14-15
佐 藤 岳 彦	P2 左上、P4 中・下、P5、P6 左上・下、P7 下、P8 下、P10 右下・左下、P11
高 桑 正 敏	P6 右上・中、P7 上、P10 右上
中 里 俊 英	P8 上
中 瀬 悠 太	P26 左下、P28 上
新 里 達 也	P13、P16 左上、P18 上
西 田 賢 司	P1、P2 右上・下
柳 瀬 雅 史	P19、P23、P27 上、P30-31
若 原 弘 之	P25 上、P26 右下、P32 上

同 定 協 力

（五十音順、敬称略）

秋田勝巳、秋山秀雄、石川忠、伊藤弥寿彦、大林延夫、苅部治紀、岸田泰則、小島弘昭、滝沢春雄、寺山守、中瀬悠太、新里達也、林正美、藤森健史、益本仁雄、山迫淳介、渡辺志野

装画・挿画　矢部太郎

ブックデザイン　高柳雅人

DTP　宇田川由美子

制作協力　メディアミックス&ソフトノミックス

編集協力　高松夕佳

編集　綿ゆり（山と溪谷社）

養老先生と虫　役立たずでいいじゃない

二〇二三年八月二五日　初版第一刷発行

著　者　養老孟司
発行人　川崎深雪
発行所　株式会社　山と溪谷社
郵便番号　一〇一―〇〇五一
東京都千代田区神田神保町一丁目一〇五番地
https://www.yamakei.co.jp/

■乱丁・落丁、及び内容に関するお問合せ先
山と溪谷社自動応答サービス　電話〇三―六七四四―一九〇〇
受付時間／十一時〜十六時（土日、祝日を除く）
メールもご利用ください。
【乱丁・落丁】service@yamakei.co.jp
【内容】info@yamakei.co.jp
■書店・取次様からのご注文先
山と溪谷社受注センター　電話〇四八―四五八―三四五五
ファクス〇四八―四二一―〇五一三
■書店・取次様からのご注文以外のお問合せ先
eigyo@yamakei.co.jp

フォーマット・デザイン　岡本一宣デザイン事務所
印刷・製本　大日本印刷株式会社

＊定価はカバーに表示しております。

Printed in Japan　ISBN 978-4-635-04975-7